工学系の基礎
確率・統計15週

原　　祐子
齊藤公明
内村佳典
共　著

学術図書出版社

まえがき

　本書は大学における初年次工学系向けの確率・統計のテキストとしてまとめたものである．確率・統計に関してのテキストは数多く出版されているが，本書においては特に15週の授業において最低限の基本事項を修得できるよう配慮した．できる限り直接的に各基本事項を修得できるように構成を考え，教える内容を取捨選択したため，区間推定やその他いくつかの項目を省くこととなった．数学的な厳密性を犠牲にした箇所もいくつかあるが，付録にて簡単に補足説明を加えた．

　本書の第1章から第5章までの各節を1回の講義(90分授業)で行う内容と考えれば，導入，中間試験などを含めて，15回で終了できる．ただし，第2章の2.2節は2回ほどかかる．

　第1章においては，完全加法族，確率空間，確率変数などの厳密な定義は付録に記載することにし，標本空間，事象，確率変数を具体例から導入した．短時間で概念を身につけるため，数学的厳密性を欠いている点は否めないが，確率変数と標本点の関係を中心に演習問題で理解できるように配慮した．

　第2章においては，有限離散的分布と確率密度関数をもつ連続分布として，二項分布，正規分布を中心に解説した．確率変数の平均，分散の計算や性質，正規分布表を用いた確率の計算などに慣れるため，例題や演習問題を通して理解できるように配慮した．指数分布，一様分布については詳細を省略することにして，演習問題にて触れる程度に留めた．また，Poisson分布，幾何分布については第4章の推定の演習問題で触れた．

　第3章においては，データのとらえ方として，母集団，母集団分布，母数の意味，モード，メジアンなどの計算を修得し，統計量とは何かを，標本平均変量，標本分散変量を通じて理解できるようにした．

第 4 章においては，点推定のみの内容とし，不偏推定量，最尤推定量を解説した．例題，演習問題を通じて修得できるように配慮した．

第 5 章においては，検定方法として，母分散が既知の場合の母平均の検定，母分散が未知の場合の母平均の検定，適合度検定を解説し，それぞれ正規分布，t-分布，χ^2-分布に従う統計量を用いた検定を例題，演習問題を通じて修得できるようにした．

第 6 章においては，完全加法族，確率測度，確率空間，確率変数の定義を説明し，ワリスの公式およびスターリングの公式の証明，ド・モアブル-ラプラスの定理の証明，本文中の平均の性質に関する定理の証明を補足として加えた．

本書の内容を勉強することにより，確率の概念，統計の方法に興味をもち，さらに次のステップに進んでいただけたら幸いに思う．その際に，本書が振り返って確認するようなものとなり，今後の勉強の基盤となれば本望である．

最後に，本書を執筆するにあたり，学術図書出版社の発田孝夫氏と編集部の方々には原稿作成から完成まで，長きにわたり多くの面でお骨折りいただいた．この場を借りて深く感謝の意を表明する次第である．

2016 年 10 月

著者一同

目　次

第 1 章　確率の基本 I (事象と確率)　　1
　1.1　事象　...　1
　1.2　確率　...　5

第 2 章　確率の基本 II (確率分布)　　10
　2.1　確率分布 I　..　10
　2.2　確率分布 II　...　18
　2.3　確率分布 III　..　22

第 3 章　データのとらえ方　　27
　3.1　データの整理　..　27
　3.2　統計量　...　30

第 4 章　推定　　33
　4.1　点推定 I　...　33
　4.2　点推定 II　..　35

第 5 章　検定　　39
　5.1　検定の考え方　..　39
　5.2　仮説検定 I　...　41
　5.3　仮説検定 II　..　45
　5.4　仮説検定 III　...　50

第 6 章　付録　　56
　付録 1　順列と組み合わせ　................................　56

付録 2	有限加法族と完全加法族	57
付録 3	確率測度と確率空間	60
付録 4	スターリングの公式	61
付録 5	Poisson の法則	63
付録 6	ド・モアブル-ラプラスの定理	65
付録 7	定理 2.2 の証明の補足	67

解答とヒント 69

参考文献 83

索　引 85

第1章

確率の基本 I (事象と確率)

1.1 事象

コイン投げ 甲，乙の 2 枚のコインを投げる実験を考える．このような繰り返しができる実験を**試行**という．コインを投げて表が出るという現象を ω_1，裏が出るという現象を ω_0 で表すと，2 枚のコインを投げたときに起こる現象は，$(\omega_{i_1}, \omega_{i_2})$ と組で表すことができる．ここで，各々の i_k $(k=1,2)$ は 1 または 0 をとるものとする．たとえば，(ω_1, ω_0) はコイン甲は表，コイン乙は裏が出たことを表している．記号の簡略化のために，$(\omega_{i_1}, \omega_{i_2})$ の代りに，$\omega_{i_1 i_2}$ という記号を使うことにし，集合の言葉を用いて，全体をまとめて

$$\Omega = \{\omega_{i_1 i_2} \mid i_1, i_2 = 0, 1\}$$

と表せば，これが起こり得るすべての場合を表している．このような集合 Ω をこの試行の **標本空間** といい，その元を**根元事象**または**標本点**などという．

コイン甲を投げて表が出たら $X_1 = 1$，裏が出たら $X_1 = 0$，コイン乙を投げて表が出たら $X_2 = 1$，裏が出たら $X_2 = 0$ となる変量 X_1, X_2 を考えてみる．これらの変量 X_k $(k=1,2)$ は Ω 上の関数

$$X_k(\omega) = i_k, \quad \omega = \omega_{i_1 i_2} \in \Omega,$$

と定義することができる．一般に Ω 上の関数は**確率変数**とよばれる．次節でわかるように確率を付随させることができるためである．たとえば，

$$X_1(\omega) + X_2(\omega) > 0$$

は2枚のコインを投げて少なくとも表が1枚現れるという条件をみたす現象を表している．このとき，

$$\{\omega \in \Omega |\ X_1(\omega) + X_2(\omega) > 0\}$$

は

$$\{\omega_{10}, \omega_{01}, \omega_{11}\}$$

と Ω の部分集合として表すことができる．そこで，Ω の部分集合を**事象**とよぶことにする．

注） 根元事象の表し方については，本来どのような記号を用いてもよい．上記では，$(\omega_{i_1}, \omega_{i_2})$ あるいは $\omega_{i_1 i_2}$ を用いたが，(表,裏) と書いてもよい．どのような現象をどのような記号を用いているかがはっきりしていればよい．

一般的にも適用できるように以下に定義をまとめておこう．

根元事象 ある試行に対して起こり得る個々の結果を**根元事象**または**標本点**という．

標本空間 すべての根元事象の集合を**標本空間**とよぶ．

事象 Ω の部分集合を**事象**とよぶ．事象 A, B に対して，$A \cup B = \{\omega |\ \omega \in A$ または $\omega \in B\}$ を A と B の**和事象**といい，A または B が起こることを意味する．$A \cap B = \{\omega |\ \omega \in A$ かつ $\omega \in B\}$ を A と B の**積事象**といい，A と B が同時に起こることを意味する．$A^c = \{\omega |\ \omega \notin A\}$ を A の**余事象**といい，A が起こらないことを意味する．3つ以上の事象に対しても同様に，和事象，積事象を定義する．また，$A \cap B^c$ を**差事象**といい，$A - B$ で表す．これは A が起こるが B は起こらないことを意味する．事象 A が起こるとき必ず事象 B が起こることを，A は B の **部分事象**であるといい，$A \subset B$ で表す．Ω は必ず起こる事象を意味するので**全事象**とよばれる．また，便宜上絶対起こらない事象を用意し，ϕ で表す．これを**空事象**とよぶ．事象 A, B について，$A \cap B = \phi$ が成り立つとき，A と B は互いに**排反**であるという．

確率変数 Ω 上の関数 (すなわち，各根元事象に対し1つの実数を対応させる規則) を**確率変数**という．

注) 厳密には事象の集まりは完全加法族として定義され,確率変数の定義にも条件が加わる (詳しくは付録を参照せよ).

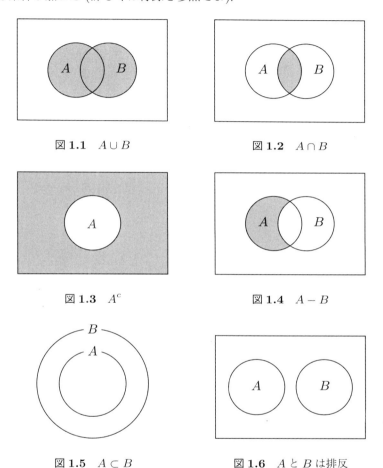

図 1.1 $A \cup B$ 図 1.2 $A \cap B$

図 1.3 A^c 図 1.4 $A - B$

図 1.5 $A \subset B$ 図 1.6 A と B は排反

一般に事象 A, B, C について,以下の性質が成り立つ.

1 $A \cup (B \cup C) = (A \cup B) \cup (A \cup C)$, $A \cap (B \cap C) = (A \cap B) \cap (A \cap C)$
2 $A \cup (B \cap C) = (A \cup B) \cap (A \cup C)$, $A \cap (B \cup C) = (A \cap B) \cup (A \cap C)$
3 $A \cup B = B \cup A$, $A \cap B = B \cap A$
4 $A \subset B$ ならば $A \cup B = B$, $A \cap B = A$

5 $(A^c)^c = A$

6 $\Omega^c = \phi,\ \phi^c = \Omega$

7 $(A \cup B)^c = A^c \cap B^c,\ (A \cap B)^c = A^c \cup B^c$ (ド・モルガンの法則)

例題 1.1 2つのサイコロ甲，乙を投げる試行を考える．サイコロ甲が i の目，乙が j の目が出ることを ω_{ij} で表すと，標本空間は
$$\Omega = \{\omega_{ij} \mid i, j = 1, 2, 3, 4, 5, 6\}$$
と表すことができる．確率変数 X を出た目の和，確率変数 Y を出た目の積とするとき，以下の問いに答えよ．

1) $X = 7$ となる事象 A を Ω の部分集合として外延的に (元を書きならべて) 表せ．

2) $Y = 12$ となる事象 B を Ω の部分集合として外延的に表せ．

3) $X \leqq 7$ かつ $Y \geqq 10$ となる事象 C を Ω の部分集合として外延的に表せ．

4) $X \geqq 10$ または $Y \leqq 3$ となる事象 D を Ω の部分集合として外延的に表せ．

5) 事象 $A \cap B^c$ を Ω の部分集合として外延的に表せ．

解

1) $A = \{\omega_{16}, \omega_{25}, \omega_{34}, \omega_{43}, \omega_{52}, \omega_{61}\}$

2) $B = \{\omega_{26}, \omega_{34}, \omega_{43}, \omega_{62}\}$

3) $C = \{\omega_{ij} \mid i + j \leqq 7\ かつ\ ij \geqq 10\} = \{\omega_{25}, \omega_{34}, \omega_{43}, \omega_{52}\}$

4) $D = \{\omega_{ij} \mid i + j \geqq 10\ または\ ij \leqq 3\}$
$= \{\omega_{46}, \omega_{56}, \omega_{66}, \omega_{64}, \omega_{65}, \omega_{55}, \omega_{11}, \omega_{12}, \omega_{13}, \omega_{21}, \omega_{31}\}$

5) $A \cap B^c = \{\omega_{16}, \omega_{25}, \omega_{52}, \omega_{61}\}$

問 1.1 10円硬貨 3 枚，50円硬貨 2 枚，100円硬貨 1 枚をもっている．10 円 i_1 枚，50 円 i_2 枚，100 円 i_3 枚支払うということを $\omega_{i_1 i_2 i_3}$ で表すとき，以下に答えよ．

1) 標本空間 Ω を書け．

2) 支払枚数を X 枚とするとき，X を Ω 上の関数として表せ．

3) 支払総額を Y 円とするとき，Y を Ω 上の関数として表せ．

> 4) $1 \leq X \leq 3$ となる事象 A を外延的に表せ.
> 5) $80 \leq Y \leq 110$ となる事象 B を外延的に表せ.
> 6) $A \cap B, A^c \cap B, A \cap B^c$ をそれぞれ外延的に表せ.

問題 1.1

1. 3つの事象 A, B, C について以下の事象を集合演算 $\cup, \cap, c$ を用いて表せ.
  1) 「3つの事象のうち1つのみが起こる」という事象.
  2) 「3つの事象のうち少なくとも2つが起こる」という事象.
  3) 「3つの事象すべてが起こらない」という事象.

2. Ω を n 個の根元事象からなる標本空間とするとき, Ω の部分事象は 2^n 個あることを示せ.

1.2 確率

確率の公理　確率をどのようにとらえるかについては様々な考え方がある. まず最初に考えられるのは「経験的確率」である. n 回の試行のうち事象 A が $n(A)$ 回起こったとする. 相対頻度 $\dfrac{n(A)}{n}$ が n を無限大にしたとき一定の値に近づくとき, その値を事象 A の確率という.

$$\lim_{n \to \infty} \frac{n(A)}{n} = P(A).$$

コイン投げやサイコロ, くじ引きなど, 生活上のあちこちで扱われる確率はこのタイプである.

次に考えられるのは「幾何的確率」である. 標本空間 Ω が長さ (1次元), 面積 (2次元), 体積 (3次元) をもつとき, 事象 A の標本空間に対する割合 $\dfrac{|A|}{|\Omega|}$ を事象 A の確率という. ルーレット, ダーツなどがこれにあたる.

$$\frac{|A|}{|\Omega|} = P(A).$$

ここで $|\cdot|$ は事象の大きさ, つまり1次元なら長さ, 2次元なら面積, 3次元な

ら体積を表す.

これら2つの確率には使い方に制限があるので，コルモゴロフにより「公理的確率」が導入された．現在「確率の公理」とよばれるものであり，上の2つの確率とも無矛盾である.

確率の公理 (コルモゴロフの定義)　Ω を標本空間，各事象 A に対して，数値 $P(A)$ を1つずつ対応させる規則 P を

(P1)　任意の事象 A に対して, $0 \leq P(A) \leq 1$

(P2)　任意の排反事象 A, B に対して, $P(A \cup B) = P(A) + P(B)$

(P3)　$P(\Omega) = 1$

をみたす「各事象に実数値を1つずつ対応させる」関数として定める．この P を **(初等) 確率測度** といい，(P2) に加えて,

(P2)′　任意の無限個の排反事象 $A_1, A_2, \ldots$ に対して,

$$P\left(\bigcup_{k=1}^{\infty} A_k\right) = \sum_{k=1}^{\infty} P(A_k)$$

が成り立つときに **確率測度** とよばれる．このとき，事象 A に対して，$P(A)$ を A の **(起こる) 確率** という.

注)　1)　(P2), (P2)′ は，排反事象においては和事象の確率は各事象の確率の和と等しいという意味である．これを **確率の加法性** という．また，ここでの和は有限個または可算無限個とする.

2)　標本空間 Ω と確率 P を組み合わせた (Ω, P) を **確率空間** という．標本空間はそれだけでは確率を考えることができず，標本空間にどのような規則の確率を入れるかを決めて，初めて確率を考えることができる (詳しくは付録を参照せよ).

この公理より様々な基本公式を導くことができる.

定理 1.1　(確率の基本公式)　(Ω, P) を確率空間, $A, B, A_1, A_2, \ldots$ を Ω の事象とする．このとき，以下が成り立つ.

(P4)　$P(\phi) = 0$

(P5)　　$P(A^c) = 1 - P(A)$

(P6)　　$A \subset B$ のとき $P(A) \leqq P(B)$

(P7)　　$P(A \cup B) = P(A) + P(B) - P(A \cap B)$
特に A と B が排反事象 $(A \cap B = \phi)$ なら $P(A \cup B) = P(A) + P(B)$

(P8)　　任意の自然数 n に対して，$P\left(\bigcup_{i=1}^{n} A_i\right) \leqq \sum_{i=1}^{n} P(A_i)$

証明 (P4)：　(P2)において，$A = B = \phi$ とおけば，$P(\phi) = P(\phi) + P(\phi)$ を得る．よって $P(\phi) = 0$.

(P5)：　$\Omega = A \cup A^c, A \cap A^c = \phi$ であるから，公理 (P2), (P3) より
$$1 = P(\Omega) = P(A) + P(A^c).$$
よって $P(A^c) = 1 - P(A)$ となる．

(P6)：　$A \subset B$ より $B = A \cup (B - A), A \cap (B - A) = \phi$ であるから公理 (P2) から
$$P(B) = P(A) + P(B - A).$$
ここで公理 (P1) より $P(B - A) \geqq 0$ であるから $P(B) \geqq P(A)$.

(P7)：　$A \cup B = A \cup (B - A \cap B), A \cap (B - A \cap B) = \phi$ かつ $B = (A \cap B) \cup (B - A \cap B), (A \cap B) \cap (B - A \cap B) = \phi$ であるから公理 (P2) により
$$P(A \cup B) = P(A) + P(B - A \cap B)$$
$$P(B) = P(A \cap B) + P(B - A \cap B)$$
となる．この 2 式を辺々引いて，
$$P(A \cup B) - P(B) = P(A) - P(A \cap B)$$
となる．A と B が排反事象の場合は $P(A \cap B) = 0$ であるから明らか．

(P8)：　数学的帰納法で示す．
$n = 2$ のとき，(P7) と公理 (P1) により
$$P(A_1 \cup A_2) = P(A_1) + P(A_2) - P(A_1 \cap A_2) \leqq P(A_1) + P(A_2)$$
が成り立つ．n まで成り立つとすると $n + 1$ のとき，
$$P(A_1 \cup A_2 \cup \cdots \cup A_n \cup A_{n+1}) \leqq P(A_1 \cup A_2 \cup \cdots \cup A_n) + P(A_{n+1})$$
$$\leqq P(A_1) + P(A_2) + \cdots + P(A_n) + P(A_{n+1})$$
となり成り立つ．

問 1.2 任意の事象 A, B に対して, $P(A^c \cap B^c) = 1 - P(A) - P(B) + P(A \cap B)$ を示せ.

問 1.3 任意の事象 A, B, C に対して,
$P(A \cup B \cup C)$
$= P(A) + P(B) + P(C) - P(A \cap B) - P(B \cap C) - P(C \cap A) + P(A \cap B \cap C)$
を示せ.

事象の独立と確率変数の独立

事象 A, B に対して,
$$P(A \cap B) = P(A)P(B)$$
が成り立つとき, A と B は**独立**であるという. また, 確率変数 X, Y に対して, 任意の $a < b$, $c < d$ について事象 $A = \{\omega \in \Omega | \ a \leqq X(\omega) \leqq b\}$ と $B = \{\omega \in \Omega | \ c \leqq Y(\omega) \leqq d\}$ が独立のとき, X と Y は**独立**であるという. $P(A \cap B)$ を $P(a \leqq X \leqq b, \ c \leqq Y \leqq d)$ で表せば, これは
$$P(a \leqq X \leqq b, \ c \leqq Y \leqq d) = P(a \leqq X \leqq b)P(c \leqq Y \leqq d)$$
が成り立つことと書くことができる. 同様に, 確率変数 $X_1, X_2, \ldots, X_n$ が独立であるとは, 任意の $a_j < b_j$ $(j = 1, 2, \ldots, n)$ に対して,
$$P(a_1 \leqq X_1 \leqq b_1, \ldots, a_n \leqq X_n \leqq b_n) = P(a_1 \leqq X_1 \leqq b_1) \cdots P(a_n \leqq X_n \leqq b_n)$$
が成り立つときにいう.

例題 1.2 事象 A と B が独立ならば, A と B^c も独立であることを示せ.

解 A と B が独立であるから,
$$\begin{aligned}P(A \cap B^c) &= P(A) - P(A \cap B) \\ &= P(A) - P(A)P(B) \\ &= P(A)(1 - P(B)) \\ &= P(A)P(B^c)\end{aligned}$$
よって, A と B^c も独立である.

問 1.4 事象 A と B が独立ならば, A^c と B^c も独立であることを示せ.

問題 1.2

1. 事象 A と B が独立で，$P(A) = p, P(B) = q$ であるとき，$P(A \cup B), P(A^c \cap B^c)$ の値を p, q を用いて表せ．

2. 事象 A と B が $P(A) > 0, P(B) > 0$ であるとする．このとき
   1) A と B が独立なら，A と B は排反か．
   2) A と B が排反なら，A と B は独立か．

第2章

確率の基本 II (確率分布)

2.1 で述べる有限離散分布と 2.2 で述べる確率密度関数をもつ連続分布を合わせて**確率分布**という.

2.1 確率分布 I

有限離散分布 有限個の実数からなる集合 $\{x_1, x_2, \ldots, x_n\}$ 上で定義された関数 $p(x)$ に対して,$p(x_k) = p_k \ (k = 1, 2, \ldots, n)$ とおく.$p_1, p_2, \ldots, p_n$ が非負実数であり,$p_1 + p_2 + \cdots + p_n = 1$ をみたすとき,

$$\begin{pmatrix} x_1 & x_2 & \cdots & x_n \\ p_1 & p_2 & \cdots & p_n \end{pmatrix}$$

を**有限離散分布**とよぶ.これはまた,

$$\begin{pmatrix} x_k \\ p_k \end{pmatrix}_{k=1,2,\ldots,n}$$

とも表す.関数 $p(x)$ は**確率関数**とよばれる.確率関数を与えることと有限離散分布を与えることは同値である.

X を確率変数とする.$k = 1, 2, \ldots, n$ に対して,事象

$$A_k = \{\omega \in \Omega | \ X(\omega) = x_k\}$$

の確率 $P(A_k)$ が

$$P(A_k) = p_k \ (k = 1, 2, \ldots, n)$$

と定められるとき，X はこの有限離散分布に従うといい，

$$X \sim \begin{pmatrix} x_1 & x_2 & \cdots & x_n \\ p_1 & p_2 & \cdots & p_n \end{pmatrix}$$

と表すことにする．このとき，任意の $a < b$ に対して事象

$$A = \{\omega \in \Omega \mid a \leqq X(\omega) \leqq b\}$$

の確率 $P(A)$ は

$$P(A) = \sum_{a \leqq x_k \leqq b} p(x_k)$$

と与えられる．$P(A_k)$ を $P(X = x_k)$，$P(A)$ を $P(a \leqq X \leqq b)$ とも書くことにする．

例題 2.1 男性 5 人，女性 3 人の中から任意に 3 人を選ぶ．選んだ男性の人数を X とするとき，X が従う確率分布を求め，事象 $A = \{\omega \in \Omega \mid 1 \leqq X(\omega) \leqq 2\}$ の確率 $P(A)$ を求めよ．

解 8 人から任意に 3 人を選ぶ選び方は $_8C_3 = 56$ 通り．また，男性 0 人女性 3 人，男性 1 人女性 2 人，男性 2 人女性 1 人，男性 3 人女性 0 人を選ぶ選び方はそれぞれ $_3C_3 = 1, _5C_1 \cdot _3C_2 = 15, _5C_2 \cdot _3C_1 = 30, _5C_3 = 10$ であるから X の従う確率分布は，

$$\begin{pmatrix} 0 & 1 & 2 & 3 \\ \dfrac{1}{56} & \dfrac{15}{56} & \dfrac{30}{56} & \dfrac{10}{56} \end{pmatrix}$$

となる．また，このとき $P(A) = \dfrac{15}{56} + \dfrac{30}{56} = \dfrac{45}{56}$. ∎

平均，分散

$$X \sim \begin{pmatrix} x_1 & x_2 & \cdots & x_n \\ p_1 & p_2 & \cdots & p_n \end{pmatrix}$$

のとき，X の平均 $E[X]$ を
$$E[X] = \sum_{k=1}^{n} x_k p_k \left(= \sum_{k=1}^{n} x_k P(X = x_k) \right)$$
と定義し，X の分散 $V[X]$ を
$$V[X] = E[(X - E[X])^2]$$
と定義する．$\sigma[X] = \sqrt{V[X]}$ は X の**標準偏差**とよばれる．これらについて以下の性質が成り立つ．

定理 2.1 (平均，分散の性質) 確率変数 X, Y, 定数 a, b に対して，以下が成り立つ．

1) 定数関数 c に対して，$E[c] = c$
2) $E[aX + bY] = aE[X] + bE[Y]$
3) $V[X] = E[X^2] - E[X]^2$
4) $V[aX + b] = a^2 V[X]$
5) X, Y が独立のとき，$E[XY] = E[X]E[Y]$
6) X, Y が独立のとき，$V[X + Y] = V[X] + V[Y]$

証明 2) の証明： $E[aX + bY] = \sum_{k=1}^{n} \sum_{\ell=1}^{m} (ax_k + by_\ell) P(X = x_k, Y = y_\ell)$ ゆえ，
$$E[aX + bY] = a \sum_{k=1}^{n} x_k \sum_{\ell=1}^{m} P(X = x_k, Y = y_\ell)$$
$$+ b \sum_{\ell=1}^{m} y_\ell \sum_{k=1}^{n} P(X = x_k, Y = y_\ell)$$
$$= a \sum_{k=1}^{n} x_k P(X = x_k) + b \sum_{\ell=1}^{m} y_\ell P(Y = y_\ell)$$
$$= aE[X] + bE[Y].$$

4) の証明： 性質 1) より，
$$V[aX + b] = E[(aX + b - E[aX + b])^2]$$
$$= E[(aX + b - aE[X] - b)^2]$$
$$= E[(aX - aE[X])^2]$$

$$= a^2 E[(X - E[X])^2] = a^2 V[X].$$

5) の証明: X の相異なるとり得る値を $a_1, a_2, \ldots, a_n$ とすると,

$$E[X] = \sum_{k=1}^{n} a_k P(X = a_k)$$

である. 同様に, Y の相異なるとり得る値を $b_1, b_2, \ldots, b_m$ とすると,

$$E[Y] = \sum_{\ell=1}^{m} b_\ell P(Y = b_\ell)$$

である. よって, X, Y の独立性より,

$$E[XY] = \sum_{k=1}^{n} \sum_{\ell=1}^{m} a_k b_\ell P(X = a_k, Y = b_\ell)$$

$$= \sum_{k=1}^{n} \sum_{\ell=1}^{m} a_k b_\ell P(X = a_k) P(Y = b_\ell)$$

$$= \sum_{k=1}^{n} a_k P(X = a_k) \sum_{\ell=1}^{m} b_\ell P(Y = b_\ell)$$

$$= E[X] E[Y]$$

が成り立つ.

問 2.1 性質 1), 3), 6) を証明せよ.

例題 2.2 X を, $-n, -n+1, -n+2, \ldots, -1, 0, 1, \ldots, n-2, n-1, n$ という $2n+1$ 個の値を等確率でとる確率変数とし, 確率変数 Y を $Y = aX + b$ とする. このとき $E[X], E[Y], V[X], V[Y]$ を求めよ.

解 任意の j に対して $P(X = j) = \dfrac{1}{2n+1}$ であるから

$E[X] = \dfrac{1}{2n+1}\{(-n) + (-n+1) + \cdots + (-1) + 0 + 1 + \cdots + (n-1) + n\} = 0.$

$E[Y] = E[aX + b] = aE[X] + b = a \cdot 0 + b = b.$

$E[X^2] = \dfrac{1}{2n+1}\{(-n)^2 + (-n+1)^2 + \cdots + (-1)^2 + 0^2 + 1^2 + \cdots + (n-1)^2 + n^2\}$

$\quad = \dfrac{1}{2n+1} \cdot 2 \sum_{k=1}^{n} k^2 = \dfrac{n(n+1)}{3}$ より,

$$V[X] = E[X^2] - E[X]^2 = \frac{n(n+1)}{3} - 0^2 = \frac{n(n+1)}{3}.$$
$$V[Y] = V[aX+b] = a^2 V[X] = \frac{a^2 n(n+1)}{3}.$$ ∎

問 2.2 数 1 を書いたカードが 1 枚, 数 2 を書いたカードが 2 枚, ..., 数 n を書いたカードが n 枚ある. この中から任意に 1 枚取り出したカードに書いてある数を X とするとき, $E[X]$, $V[X]$ の値を n で表せ.

問 2.3 2 つのさいころを投げ, 出た目の数をそれぞれ X, Y とするとき, $E[|X-Y|]$, $V[|X-Y|]$ の値を求めよ.

有限離散分布の一例として, 二項分布を挙げておく.

二項分布 $B(n; p)$　　自然数 n, $0 < p < 1$, $q = 1 - p$ に対して,

$$\begin{pmatrix} k \\ {}_nC_k p^k q^{n-k} \end{pmatrix}_{k=0,1,2,\ldots,n}$$

をパラメータ (n, p) の**二項分布**といい, $B(n; p)$ で表すことにする.

二項分布はある事象に注目して試行や実験を何回も繰り返すとき, その事象の起こった回数に現れる. ある試行 T において事象 A の起こる確率 $P(A)$ が p $(0 < p < 1)$ であるとする. この試行を何回も繰り返す. $j = 1, 2, \ldots$ に対して, j 回目に A が起こったとき $X_j = 1$, 起こらなかったとき $X_j = 0$ とおくと X_j は確率変数となる. $X_1, X_2, \ldots$ は独立である (すなわち, 任意の n に対して, $X_1, X_2, \ldots, X_n$ が独立である) とする. $S_n = X_1 + X_2 + \cdots + X_n$ $(n = 1, 2, \ldots)$ とおくとき, S_n は $B(n; p)$ に従う確率変数となる. S_n は n 回中 A が起こった回数を表している.

例題 2.3　3 択問題が 4 題ある. これにでたらめに解答したときの正答数を X とするとき, X が従う確率分布を求めよ.

解　でたらめに解答したとき正答する確率は $\frac{1}{3}$, 誤答する確率は $\frac{2}{3}$ であるから

$P(X = k) = {}_4\mathrm{C}_k \left(\dfrac{1}{3}\right)^k \left(\dfrac{2}{3}\right)^{4-k}$ $(k = 0, 1, 2, 3, 4)$ である．したがって，求める確率分布は

$$\begin{pmatrix} 0 & 1 & 2 & 3 & 4 \\ \dfrac{16}{81} & \dfrac{32}{81} & \dfrac{24}{81} & \dfrac{8}{81} & \dfrac{1}{81} \end{pmatrix}$$

となる． ∎

確率変数 X が $B(n; p)$ に従うとき，X の平均は

$$\begin{aligned}
E[X] &= \sum_{k=0}^{n} k \, {}_n\mathrm{C}_k \, p^k q^{n-k} \\
&= \sum_{k=1}^{n} k \frac{n!}{k!(n-k)!} p^k q^{n-k} \\
&= \sum_{k=1}^{n} \frac{n!}{(k-1)!(n-k)!} p^k q^{n-k} \\
&= \sum_{k=0}^{n-1} \frac{n!}{k!(n-1-k)!} p^{k+1} q^{n-1-k} \\
&= np \sum_{k=0}^{n-1} \frac{(n-1)!}{k!(n-1-k)!} p^k q^{n-1-k} \\
&= np(p+q)^{n-1} = np
\end{aligned}$$

で与えられる．また，X の分散は

$$\begin{aligned}
E[X^2] &= \sum_{k=0}^{n} k^2 \, {}_n\mathrm{C}_k \, p^k q^{n-k} \\
&= \sum_{k=1}^{n} \{k(k-1) + k\} \frac{n!}{k!(n-k)!} p^k q^{n-k} \\
&= \sum_{k=2}^{n} \frac{n!}{(k-2)!(n-k)!} p^k q^{n-k} + np \\
&= \sum_{k=0}^{n-2} \frac{n!}{k!(n-2-k)!} p^{k+2} q^{n-2-k} + np
\end{aligned}$$

$$= n(n-1)p^2 \sum_{k=0}^{n-2} \frac{(n-2)!}{k!(n-2-k)!} p^k q^{n-2-k} + np$$
$$= n(n-1)p^2(p+q)^{n-2} + np$$
$$= n(n-1)p^2 + np$$

より,
$$V[X] = E[X^2] - E[X]^2 = n(n-1)p^2 + np - (np)^2 = npq$$

で与えられる．

問 2.4 確率変数 X が $B\left(10;\dfrac{2}{5}\right)$ に従うとき，

1) $E[X]$ を求めよ．
2) $V[X]$ を求めよ．
3) $P(X=k)$ を最大にする k を求めよ．

例題 2.4 独立な確率変数 X, Y, Z がそれぞれ $B\left(4;\dfrac{1}{2}\right)$, $B\left(10;\dfrac{1}{5}\right)$, $B\left(20;\dfrac{1}{4}\right)$ に従うとき，次の値を求めよ.

1) $E[2X+3Y+4Z]$ 2) $E[XYZ]$ 3) $E[X^2Y^2]$ 4) $V[XY+YZ]$

解 1) $E[2X+3Y+4Z] = 2E[X] + 3E[Y] + 4E[Z]$
$$= 2 \cdot \frac{4}{2} + 3 \cdot \frac{10}{5} + 4 \cdot \frac{20}{4} = 4 + 6 + 20 = 30.$$

2) X, Y, Z の独立性により，$E[XYZ] = E[X]E[Y]E[Z] = 2 \cdot 2 \cdot 5 = 20$.

3) X, Y は独立であるから，X^2, Y^2 も独立である．したがって，
$$E[X^2Y^2] = E[X^2]E[Y^2].$$
$$E[X^2] = V[X] + E[X]^2 = 4 \cdot \frac{1}{2} \cdot \frac{1}{2} + 2^2 = 1 + 4 = 5,$$
$$E[Y^2] = V[Y] + E[Y]^2 = 10 \cdot \frac{1}{5} \cdot \frac{4}{5} + 2^2 = \frac{8}{5} + 4 = \frac{28}{5}$$

ゆえ，$E[X^2Y^2] = E[X^2]E[Y^2] = 5 \cdot \dfrac{28}{5} = 28.$

4) X, Y, Z の独立性により，
$$V[XY + YZ] = E[(XY + YZ)^2] - E[XY + YZ]^2$$
$$= E[Y^2(X+Z)^2] - (E[X]E[Y] + E[Y]E[Z])^2.$$

さらに，Y^2 と $(X+Z)^2$ も独立であるから，
$$V[XY+YZ] = E[Y^2](E[X^2]+E[Z^2]+2E[X]E[Z]) - (E[X]E[Y]+E[Y]E[Z])^2.$$
$E[X^2] = 5$, $E[Y^2] = \dfrac{28}{5}$, $E[Z^2] = V[Z] + E[Z]^2 = 20 \cdot \dfrac{1}{4} \cdot \dfrac{3}{4} + 5^2 = \dfrac{115}{4}$
より，
$$V[XY+YZ] = \dfrac{28}{5}\left(5 + \dfrac{115}{4} + 2 \cdot 2 \cdot 5\right) - (2 \cdot 2 + 2 \cdot 5)^2 = 105. \quad \blacksquare$$

注) 確率変数 X, Y, Z が独立のとき，X^ℓ, Y^m, Z^n (ℓ, m, n は自然数) も独立である．一般に，$\mathbb{R}$ 上の区分的連続関数 $f(x), g(y), h(z)$ に対して，$f(X), g(Y), h(Z)$ は独立である．また，$\mathbb{R}^2$ 上の区分的連続関数 $k(y,z)$ に対して，$f(X), k(Y,Z)$ も独立である．

問題 2.1

1. 2つの確率変数 X, Y が独立で $E[X] = 3$, $E[Y] = -2$, $V[X] = 2$, $V[Y] = 1$ であるとき，$E[X+Y]$, $E[2XY]$, $V[2X-3Y+1]$, $E[X^2]$ の値を求めよ．

2. 確率変数 X は $0, 1$ の 2 つの値をとり，実数 $p\,(0 < p < 1)$ に対して $P(X=0) = p$, $E[X] = E\left[\dfrac{1}{X+1}\right]$ であるとき
    1) $E[X], E\left[\dfrac{1}{X+1}\right]$ の値を p を用いて表せ．
    2) p の値を求めよ．
    3) $E[X]$ の値を求めよ．
    4) $V[X]$ の値を求めよ．

3. 例題 2.4 における確率変数 X, Y, Z に対して，$V[XYZ]$ を求めよ．

2.2 確率分布 II

確率密度関数をもつ連続分布　実数直線 $\mathbb{R}$ 上の区分的連続関数 $p(x)$ は,

1) すべての x について, $p(x) \geqq 0$
2) $\displaystyle\int_{-\infty}^{\infty} p(x)\,dx = 1$

をみたすとき, **確率密度関数** (probability density function) とよばれる. 以後これを pdf と略すことにする.

確率変数 X と任意の $a < b$ に対して事象 $A = \{\omega \in \Omega \mid a \leqq X(\omega) \leqq b\}$ の確率 $P(A)$ が

$$P(A) = \int_a^b p(x)\,dx$$

で与えられるとき, X は**確率密度関数** $p(x)$ **をもつ (連続) 分布**に従うという. このとき, $X \sim$ pdf $p(x)$ と表す. 有限離散分布のときと同様に $P(A)$ を $P(a \leqq X \leqq b)$ とも書くことにする.

平均, 分散　$X \sim$ pdf $p(x)$ のとき, X の**平均** $E[X]$ を

$$E[X] = \int_{-\infty}^{\infty} x p(x)\,dx$$

と定義し, 有限離散分布のときと同様に, X の**分散** $V[X]$ を

$$V[X] = E[(X - E[X])^2]$$

と定義する. $\sigma[X] = \sqrt{V[X]}$ は X の**標準偏差**とよばれる. これらについて以下の性質が成り立つ.

確率密度関数をもつ連続分布に従う確率変数 X に対して $E[X]$ が存在するとき, ある有限離散分布に従う確率変数の列 $(X_n)_{n=1}^{\infty}$ が存在して,

$$X_n \to X(n \to \infty), \quad E[X] = \lim_{n \to \infty} E[X_n]$$

とすることができる.

この性質を用いて, 有限離散的確率変数の性質から下記を証明することができる (詳しくは付録を参照せよ).

定理 2.2 (平均，分散の性質)　平均と分散が存在するような確率変数 X, Y および定数 a, b に対して，以下が成り立つ．

1) 定数関数 c に対して，$E[c] = c$
2) $E[aX + bY] = aE[X] + bE[Y]$
3) $V[X] = E[X^2] - E[X]^2$
4) $V[aX + b] = a^2 V[X]$
5) X, Y が独立のとき，$E[XY] = E[X]E[Y]$
6) X, Y が独立のとき，$V[X + Y] = V[X] + V[Y]$

例題 2.5　確率変数 X が確率密度関数
$$p(x) = \begin{cases} c(1 - x^2) & (|x| < 1) \\ 0 & (|x| \geqq 1) \end{cases}$$
に従うとする．このとき

1) c の値を求めよ．
2) $E[X]$ の値を求めよ．
3) $V[X]$ の値を求めよ．

解　1) $1 = \int_{-\infty}^{\infty} p(x)\,dx = \int_{-1}^{1} c(1 - x^2)\,dx = 2c \int_{0}^{1} (1 - x^2)\,dx = \dfrac{4c}{3}$ より $c = \dfrac{3}{4}$．

2) $E[X] = \displaystyle\int_{-\infty}^{\infty} x p(x)\,dx = \dfrac{3}{4} \int_{-1}^{1} (x - x^3)\,dx = 0$.

3) $V[X] = E[X^2] - E[X]^2 = \displaystyle\int_{-\infty}^{\infty} x^2 p(x)\,dx - 0^2 = \dfrac{3}{2} \int_{0}^{1} (x^2 - x^4)\,dx$
$= \dfrac{1}{5}$.

問 2.5　確率変数 X が確率密度関数
$$p(x) = \begin{cases} cx & (0 \leqq x \leqq 1) \\ 0 & (x < 0,\ x > 1) \end{cases}$$
に従っているとき，定数 c の値および $E[X]$ と $V[X]$ の値を求めよ．

正規分布 $N(\mu, \sigma^2)$　　実数 μ および $\sigma > 0$ に対して，$\mathbb{R}$ 上の関数

$$p_{\mu,\sigma}(x) = \frac{1}{\sqrt{2\pi\sigma^2}} \exp\left[-\frac{(x-\mu)^2}{2\sigma^2}\right], \quad x \in \mathbb{R}$$

は確率密度関数となる．

任意の区間 $[a,b]$ に対して，

$$N(\mu, \sigma^2)([a,b]) = \int_a^b p_{\mu,\sigma}(x)\,dx$$

と定義する．また，任意の区間 $[a,b)$, $(a,b]$, (a,b) に対しては，

$$N(\mu,\sigma^2)([a,b)) = N(\mu,\sigma^2)((a,b]) = N(\mu,\sigma^2)((a,b)) = N(\mu,\sigma^2)([a,b])$$

と定義する．さらに，任意の有限個あるいは無限個の互いに素な区間 I_k の和集合 $\bigcup_k I_k$ に対して，

$$N(\mu,\sigma^2)\left(\bigcup_k I_k\right) = \sum_k N(\mu,\sigma^2)(I_k)$$

と定義する．このとき，$N(\mu,\sigma^2)$ を**平均 μ，分散 σ^2 の正規分布**とよぶ．$N(\mu,\sigma^2)$ は pdf $p_{\mu,\sigma}$ をもつ分布を意味する．したがって，$X \sim$ pdf $p_{\mu,\sigma}(x)$ を $X \sim N(\mu,\sigma^2)$ とも表すことにする．

曲線 $y = p_{\mu,\sigma}(x)$ は図 2.1 のような概形になり，$N(\mu,\sigma^2)([a,b])$ は斜線部の面積を表している．

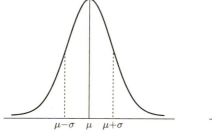
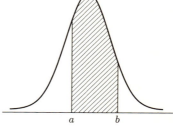

図 **2.1**　曲線 $y = p_{\mu,\sigma}(x)$ の概形

問 2.6 $y = p_{\mu,\sigma}(x)$ について，以下を確かめよ．
1) $x = \mu$ について対称であること．
2) $x = \mu$ で極大値 (かつ最大値) をもつこと．
3) $x = \mu \pm \sigma$ で変曲点をもつこと．

確率変数 X が $N(\mu, \sigma)$ に従うとき，X の平均は，$t = \dfrac{x - \mu}{\sqrt{2}\sigma}$ とおいて，

$$E[X] = \int_{-\infty}^{\infty} x \frac{1}{\sqrt{2\pi\sigma^2}} \exp\left[-\frac{(x-\mu)^2}{2\sigma^2}\right] dx$$

$$= \int_{-\infty}^{\infty} (\mu + \sqrt{2}\sigma t) \frac{1}{\sqrt{\pi}} \exp\left[-t^2\right] dt$$

$$= \frac{\mu}{\sqrt{\pi}} \int_{-\infty}^{\infty} \exp\left[-t^2\right] dt + \frac{\sqrt{2}\sigma}{\sqrt{\pi}} \int_{-\infty}^{\infty} t \exp\left[-t^2\right] dt$$

$$= \mu$$

で与えられる．また，X の分散は

$$V[X] = E[(X - \mu)^2]$$

$$= \int_{-\infty}^{\infty} (x-\mu)^2 \frac{1}{\sqrt{2\pi\sigma^2}} \exp\left[-\frac{(x-\mu)^2}{2\sigma^2}\right] dx$$

$$= 2\sigma^2 \frac{1}{\sqrt{\pi}} \int_{-\infty}^{\infty} t^2 \exp\left[-t^2\right] dt$$

$$= -\sigma^2 \frac{1}{\sqrt{\pi}} \int_{-\infty}^{\infty} t \frac{d}{dt} \exp\left[-t^2\right] dt$$

$$= \sigma^2 \frac{1}{\sqrt{\pi}} \int_{-\infty}^{\infty} \exp\left[-t^2\right] dt = \sigma^2$$

で与えられる．

問 2.7 $X \sim N(\mu, \sigma^2)$ のとき，aX および $X + b$ (a, b は 0 でない定数) が従う分布は何か．

問題 2.2

1. 確率変数 X が確率密度関数
$$p(x) = \begin{cases} cx^2 & (0 \leq x \leq 1) \\ 0 & (x < 0,\ x > 1) \end{cases}$$
に従うとする．このとき
    (1) 定数 c の値を求めよ．
    (2) $E[X]$ の値を求めよ．
    (3) $V[X]$ の値を求めよ．
    (4) $P(X \leq a) = 0.5$ となるように実数 a の値を定めよ．

2. 実数 μ および $\sigma > 0$ に対して，$\mathbb{R}$ 上の関数
$$p_{\mu,\sigma}(x) = \frac{1}{\sqrt{2\pi\sigma^2}} \exp\left[-\frac{(x-\mu)^2}{2\sigma^2}\right],\quad x \in \mathbb{R}$$
は確率密度関数となることを示せ．

3. $X \sim N(\mu, \sigma^2)$ のとき，任意の $t \in \mathbb{R}$ に対して，$E[e^{tX}]$ を求めよ．また，$\mu = 0,\ \sigma = 1$ のとき，任意の $n \in \mathbb{N}$ に対して，$E[X^n]$ を求めよ．

2.3 確率分布 III

確率変数の標準化 (規準化)　　平均，正の分散をもつ確率変数 X に対して，
$$Z = \frac{X - E[X]}{\sqrt{V[X]}}$$
を確率変数 X の**標準化 (規準化)** という．Z の平均，分散は，$E[Z] = 0,\ V[Z] = 1$ となる．

問 2.8　これを示せ．

定理 2.3　確率変数 X が平均 μ，分散 σ^2 の正規分布 $N(\mu, \sigma^2)$ に従うとき，Z は正規分布 $N(0,1)$ に従う．

証明 $X \sim N(\mu, \sigma^2)$ であるから,任意の $a < b$ に対して,
$$P(a \leqq Z \leqq b) = P\left(a \leqq \frac{X-\mu}{\sigma} \leqq b\right) = P(\mu + a\sigma \leqq X \leqq \mu + b\sigma)$$
$$= \int_{\mu+a\sigma}^{\mu+b\sigma} \frac{1}{\sqrt{2\pi}\sigma} \exp\left[-\frac{(x-\mu)^2}{2\sigma^2}\right] dx$$

$t = \dfrac{x-\mu}{\sigma}$ と変数変換すると,
$$P(a \leqq Z \leqq b) = \int_a^b \frac{1}{\sqrt{2\pi}} \exp\left[-\frac{t^2}{2}\right] dt$$

よって,$X \sim N(0,1)$ を得る. ∎

$N(0,1)$ は**標準正規分布**とよばれる.

分布関数 任意の実数 x に対して,$F(x) = F_X(x) = P(X \leqq x)$ とおき,X の**分布関数**とよぶ.

定理 2.4 確率変数 X の分布関数 F は以下の性質をもつ.
1) $x < y$ ならば $F(x) \leqq F(y)$ である.
2) $\lim_{x \to \infty} F(x) = 1$, $\lim_{x \to -\infty} F(x) = 0$.
3) 任意の実数 a に対して,$\lim_{x \to a+0} F(x) = F(a)$.

分布関数と確率 確率変数 X,任意の $a < b$ に対して,
$$P(a \leqq X \leqq b) = F(b) - \lim_{\epsilon \to +0} F(a-\epsilon)$$
が成り立つ.X が確率密度関数をもつときは $\lim_{\epsilon \to +0} F(a-\epsilon) = F(a)$ であるから,
$$P(a \leqq X \leqq b) = F(b) - F(a)$$
が成り立つ.

正規分布表 付表にある正規分布表は標準正規分布に基づいてつくられている.Z が標準正規分布に従う確率変数であるとき,$z_\alpha > 0$ に対して,図の斜線部の面積 α が確率 $P(Z \leqq z_\alpha)$ を表している.つまり $F_Z(z_\alpha)$ であるから上記の分布関数と確率の関係と正規分布表を利用して一般の正規分布に従う確率

変数 X に関するいろいろな確率を求めることができる．また，$P(Z = z) = 0$ であり，$P(Z \leqq z) = P(Z < z)$ である:

任意の $a < b$ に対して，
$$P(a \leqq Z \leqq b) = F_Z(b) - F_Z(a)$$

例題 2.6 確率変数 X が正規分布 $N(2, 2^2)$ に従うとき，以下の確率を正規分布表を用いて求めよ．
1) $P(X \geqq 5)$ 2) $P(X \leqq 3)$ 3) $P(4 \leqq X \leqq 5)$
4) $P(-2 \leqq X \leqq 5)$ 5) $P(X^2 \leqq 4)$ 6) $P(|X - 2| \leqq 5)$

解 $Z = \dfrac{X - 2}{2}$ とおけば，$Z \sim N(0, 1)$ である．

1) $P(X \geqq 5) = P\left(Z \geqq \dfrac{5 - 2}{2}\right) = P(Z \geqq 1.5) = 1 - P(Z < 1.5)$
   $= 1 - 0.9332 = 0.0668$.

2) $P(X \leqq 3) = P\left(Z \leqq \dfrac{3 - 2}{2}\right) = P(Z \leqq 0.5) = 0.6915$.

3) $P(4 \leqq X \leqq 5) = P\left(\dfrac{4 - 2}{2} \leqq Z \leqq \dfrac{5 - 2}{2}\right) = P(1 \leqq Z \leqq 1.5)$
   $= P(Z \leqq 1.5) - P(Z < 1) = 0.9332 - 0.8413 = 0.0919$.

4) $P(-2 \leqq X \leqq 5) = P\left(\dfrac{-2 - 2}{2} \leqq Z \leqq \dfrac{5 - 2}{2}\right) = P(-2 \leqq Z \leqq 1.5)$
   $= P(Z \leqq 1.5) - P(Z < -2) = P(Z \leqq 1.5) - P(Z > 2)$
   $= P(Z \leqq 1.5) - \{1 - P(Z \leqq 2)\} = 0.9332 - (1 - 0.9772) = 0.9104$.

5) $P(X^2 \leqq 4) = P(-2 \leqq X \leqq 2) = P\left(\dfrac{-2 - 2}{2} \leqq Z \leqq \dfrac{2 - 2}{2}\right)$
   $= P(-2 \leqq Z \leqq 0) = P(0 \leqq Z \leqq 2) = P(Z \leqq 2) - P(Z < 0)$
   $= 0.9772 - 0.5 = 0.4772$.

6) $P(|X - 2| \leqq 5) = P(-3 \leqq X \leqq 7) = P\left(\dfrac{-3 - 2}{2} \leqq Z \leqq \dfrac{7 - 2}{2}\right)$
   $= P(-2.5 \leqq Z \leqq 2.5) = 2\{P(Z \leqq 2.5) - P(Z < 0)\}$
   $= 2(0.9938 - 0.5) = 0.9876$.

問 2.9 確率変数 X が正規分布 $N(1, 2^2)$ に従うとき，正規分布表を用いて次の値を求めよ．

1) $P(X \geqq 3)$ 2) $P(X \leqq 0)$ 3) $P(-2 \leqq X \leqq 4)$
4) $P(X^2 \leqq 9)$ 5) $P(X^2 \geqq 4)$

正規分布表を用いて，逆に確率の値から次のような数値を求めることもできる．

例題 2.7 確率変数 X が正規分布 $N(2, 2^2)$ に従うとき，$P(X \geqq a) \geqq 0.6$ となるように，a の満たす条件を求めよ．

 $Z = \dfrac{X-2}{2}$ とおけば，$Z \sim N(0,1)$ である．

$$P(X \geqq a) = P\left(Z \geqq \frac{a-2}{2}\right) = P\left(Z \leqq -\frac{a-2}{2}\right)$$

であるから，正規分布表より $P\left(Z \leqq \dfrac{2-a}{2}\right) \geqq 0.6$ となる最小の $\dfrac{2-a}{2}$ を探す．正規分布表から，この条件を満たすのは $\dfrac{2-a}{2} = 0.26$ となる a であることがわかる．したがって，$P(X \geqq a) \geqq 0.6$ となる条件は，$a \leqq -0.26 \times 2 + 2 = 1.48$ である．

問 2.10 確率変数 X が正規分布 $N(1, 2^2)$ に従うとき，正規分布表を用いて次の値を求めよ．

1) $P(X \leqq x) = 0.5$ となる x 2) $P(y \leqq X \leqq 2) = 0.4$ となる y
3) $P(X \leqq a) \geqq 0.7$ であるように a の満たす条件を定めよ．

問題 2.3

1. 確率変数 X が確率密度関数

$$p(x) = \begin{cases} \lambda e^{-\lambda x} & (x \geqq 0) \\ 0 & (x < 0) \end{cases} \quad (\lambda > 0)$$

に従うとする (このとき X はパラメータ λ の**指数分布**に従うという)．

(1) X の確率密度関数のグラフをかけ．
(2) X の分布関数のグラフをかけ．

(3) $E[X], V[X]$ の値を求めよ.

2. 確率変数 X が確率密度関数

$$p(x) = \begin{cases} \dfrac{1}{b-a} & (a \leqq x \leqq b) \\ 0 & (x < a,\ x > b) \end{cases}$$

に従うとする (このとき X は区間 $[a, b]$ 上の**一様分布**に従うという).

(1) X の確率密度関数のグラフをかけ.

(2) X の分布関数のグラフをかけ.

(3) $E[X], V[X]$ の値を求めよ.

3. 確率変数 X が正規分布 $N(\mu, \sigma^2)$ に従っているとき,正規分布表を用いて $P(|X-\mu| \leqq \sigma), P(|X-\mu| \leqq 2\sigma), P(|X-\mu| \leqq 3\sigma)$ の値を求めよ.

第3章

データのとらえ方

3.1 データの整理

　ある工場で生産されるある製品の全体，ある病院の1つの病気に関する患者の全体，ある大学の学生の全体など，統計調査の対象の全体の集まりを**母集団**という．したがって，母集団は(全体)集合である．母集団の元(要素)の総数をその母集団の**大きさ**という．母集団には調べようとする属性なるものが伴っている．たとえば，ある工場の電気製品に対して，それらの故障率を考えるとき，工場で作られている製品全体が母集団であり，故障率が属性である．ある大学の学生に対して，身長，体重，試験の点数などを考えるとき，その大学の学生全体が母集団であり，身長，体重，試験の点数などが属性となる．属性は数値で表すことが多く，母集団の元それぞれに対してその数値を対応させる**変量**を決めることができる．母集団の大きさが膨大に大きく，全数調査が実施しにくいとき，母集団からいくつかの元を取り出してその属性を分析し，推測をする．これを**統計的推測**という．取り出したいくつかの元の集まりは母集団の一部と考えることができる．このように全体から選ばれたものを**標本**とよぶ．

　大きさ N の母集団 Ω において，変量 X のとる異なる値を $x_1, x_2, \ldots, x_r$ とし，それぞれの値をとる元の個数を $f_1, f_2, \ldots, f_r$ とする．それぞれの f_k は x_k の**度数**とよばれる．

X	x_1	x_2	$\cdots$	x_k	$\cdots$	x_r	計
度数	f_1	f_2	$\cdots$	f_k	$\cdots$	f_r	N

28　第3章　データのとらえ方

度数が最も大きい X の値を**モード (最頻値)** とよび，標本数の中心に対応する X の値を**メジアン (中央値)** とよぶ．

例題 3.1

5	6	6	9	7
4	3	7	7	0
4	6	5	3	7
6	7	2	6	8
3	8	5	7	4

左の表は，25名の学生に10点満点の試験を行った結果である．度数分布表をつくり，モードとメジアンを求めよ．

X	0	1	2	3	4	5	6	7	8	9	10	計
度数	1	0	1	3	3	3	5	6	2	1	0	25
累積度数	1	1	2	5	8	11	16	22	24	25	25	25

最も大きい度数は 6 で，そのときの X の値は 7．また標本数は 25 であるから，中心は 13 である．13番目の学生の得点は 6 点である．よって，モードは 7，メジアンは 6．上記の表のように，度数分布表とともに累積分布表を作成しておくとメジアンを求める際に有効である．

この母集団から1つの要素を無作為に抽出するとき，変量 X は偶然に支配されるが，X が値 x_k をとる確率 $P(X = x_k)$ は，

$$P(X = x_k) = \frac{f_k}{N} \quad (k = 1, 2, \ldots, r)$$

とみなすことができる．このとき，X の平均 $E[X]$，分散 $V[X]$ は，

$$E[X] = \sum_{k=1}^{r} x_k \frac{f_k}{N} = \frac{1}{N} \sum_{k=1}^{r} x_k f_k$$

$$V[X] = \sum_{k=1}^{r} (x_k - E[X])^2 \frac{f_k}{N}$$

で与えられる．

このように変量 X は確率変数，すなわち，X は母集団 Ω 上の関数とみなすことができる．X は**母集団確率変数**ともよばれる．X の平均，分散をそれぞれ，**母平均**，**母分散**，X の分布を**母集団分布**とよぶ．母集団の大きさが非常に

大きいことが多く，全数調査が困難であることも多い．中心極限定理 (付録参照) から，母集団分布は連続型分布 (確率密度関数をもつ分布) に従うとみなすことが多い．

標本をとるという操作も確率変数と考えられる．n 個の標本をとるという操作を $X_1, X_2, \ldots, X_n$ で表し，X_k は k 番目に標本をとる操作を表すものとする．このとき，各 X_k $(k = 1, 2, \ldots, n)$ の分布は母集団分布と同じであると考えてよい．$X_1, X_2, \ldots, X_n$ を**標本変量**という．標本変量の実現値を**標本値**といい，小文字 $x_1, x_2, \ldots, x_n$ で表すことにする．わかっているのは与えられたデータ (標本値) のみである．このデータをもとにして，母集団分布を推測することが統計学の主な目的である．

母集団分布を特徴付けるパラメータを**母数**という．二項分布 $B(n; p)$ についてはたとえば，n, p が母数であり，これらが決まれば分布が定まる．正規分布 $N(\mu, \sigma^2)$ についてはたとえば，μ, σ^2 (あるいは σ) が母数であり，これらが決まれば分布が定まる．μ は**母平均**，σ^2 は**母分散**，σ は**母標準偏差**とよばれる．このように母集団分布の形がわかっていて，母数を推測すれば分布が決定する場合，与えられたデータから母数を推測することで，母集団分布を決めることができる．

さて，標本の抽出の仕方はどのようにしたらいいのだろうか．標本をとる操作について，何回目に標本をとったかということが互いに影響を与えない必要がある．これは数学的には，標本変量 $X_1, X_2, \ldots, X_n$ が互いに独立であるという条件として表すことができる．このような標本のとり方は**ランダムサンプリング** (**無作為抽出**) とよばれる．

> **問 3.1** 5 点満点のテストを 20 名の学生に実施したところ，以下の結果を得た．
> $$4, 5, 1, 0, 3, 4, 2, 5, 4, 3, 3, 1, 5, 2, 4, 4, 2, 3, 3, 2.$$
> この結果から度数分布表をつくり，モードとメジアンを求めよ．

問題 3.1

1. 大きさ N の母集団において，変量 X が異なる r 個の値 $x_1, x_2, \ldots, x_r$

30　第3章　データのとらえ方

をとるとする．それぞれの値の度数を $f_1, f_2, \ldots, f_r$ とするとき，$\sum_{k=1}^{r}(x_k - E[X])f_k = 0$ となることを示せ．

3.2　統計量

$X_1, X_2, \ldots, X_n$ を母平均 μ，母分散 σ^2 の母集団分布 (同一分布) に従う無作為標本 (変量) とする．標本変量に対して独立性は常に仮定されるものとする．

統計量　　$X_1, X_2, \ldots, X_n$ の関数を**統計量**といい，統計量の従う分布を**標本分布**という．統計量のとる値をその統計量の**実現値**という．また，母数 θ を推定する際に用いる統計量を θ の**推定量**とよぶ．

統計量の具体例

1) **標本平均 (変量)**　　$\overline{X} = \dfrac{1}{n}\sum_{k=1}^{n} X_k$

    この変量の実現値を $\overline{x} = \dfrac{1}{n}\sum_{k=1}^{n} x_k$ と表し，**標本平均値**とよぶ．

2) **標本分散 (変量)**　　$S(X)^2 = \dfrac{1}{n}\sum_{k=1}^{n}(X_k - \overline{X})^2$

    この変量の実現値を $s(x)^2 = \dfrac{1}{n}\sum_{k=1}^{n}(x_k - \overline{x})^2$ と表し，**標本分散値**とよぶ．

3) **標本標準偏差 (変量)**　　$S(X) = \sqrt{\dfrac{1}{n}\sum_{k=1}^{n}(X_k - \overline{X})^2}$

    この変量の実現値を $s(x) = \sqrt{\dfrac{1}{n}\sum_{k=1}^{n}(x_k - \overline{x})^2}$ と表し，**標本標準偏差値**とよぶ．

4) たとえば，μ が未知のとき，$\dfrac{1}{n}\sum_{k=1}^{n}(X_k - \mu)^2$ は統計量ではない．

例題 3.2 例題 3.1 の資料について，標本平均値，標本分散値，標本標準偏差値を求めよ．

解 例題 3.1 の表に加えて，以下の表を作成すると便利である．

X	0	1	2	3	4	5	6	7	8	9	10	
f_k	1	0	1	3	3	3	5	6	2	1	0	25
$x_k f_k$	0	0	2	9	12	15	30	42	16	9	0	135
x_k^2	0	1	4	9	16	25	36	49	64	81	100	
$x_k^2 f_k$	0	0	4	27	48	75	180	294	128	81	0	837

このとき，

標本平均値 $\quad \overline{x} = \dfrac{1}{25}\sum_{k=1}^{25} x_k = \dfrac{135}{25} = 5.4,$

標本分散値 $\quad s(x)^2 = \dfrac{1}{25}\sum_{k=1}^{25}(x_k - \overline{x})^2 = \dfrac{1}{25}\sum_{k=1}^{25} x_k^2 - \overline{x}^2 = \dfrac{837}{25} - (5.4)^2 = 4.32,$

標本標準偏差値 $\quad s(x) = \sqrt{s(x)^2} = \sqrt{4.32} \quad$ となる．∎

問 3.2 問 3.1 の資料について，標本平均値，標本分散値，標本標準偏差値を求めよ．

問 3.3 標本変量 $X_1, X_2, \ldots, X_n$ が未知母数 μ, σ^2 の正規分布 $N(\mu, \sigma^2)$ に従うとき，次で与えられる標本変量の関数は統計量となるか．

1) $\dfrac{1}{n}\sum_{k=1}^{n}|X_k - \overline{X}|$ 2) $\dfrac{1}{n}\sum_{k=1}^{n}(X_k - \overline{X})^2$ 3) $\dfrac{1}{n}\sum_{k=1}^{n}(X_k - \mu)^2$

4) $\dfrac{\overline{X} - \mu}{\sigma}$

定理 3.1 標本変量 $X_1, X_2, \ldots, X_n$ が母平均 μ，母分散 σ^2 をもつ母集団分布に従うとき，

$$E[\overline{X}] = \mu, \quad V[\overline{X}] = \frac{\sigma^2}{n},$$

$$E[S(X)^2] = \frac{n-1}{n}\sigma^2,$$

$$V[S(X)^2] = \frac{\nu - \sigma^4}{n} - \frac{2(\nu - 2\sigma^4)}{n^2} + \frac{\nu - 3\sigma^4}{n^3},$$

となる. ここで, $\nu = E[(X_k - \mu)^4]$ である.

証明 $E[\overline{X}] = \dfrac{1}{n}\sum_{k=1}^n E[X_k] = \dfrac{1}{n}\sum_{k=1}^n \mu = \mu$. $X_1, X_2, \ldots, X_n$ は独立であるから,

$$V[\overline{X}] = \dfrac{1}{n^2}\sum_{k=1}^n V[X_k] = \dfrac{1}{n^2}\sum_{k=1}^n \sigma^2 = \dfrac{\sigma^2}{n}.$$

$$\begin{aligned}
E[S(X)^2] &= \dfrac{1}{n}\sum_{k=1}^n E[(X_k - \overline{X})^2] \\
&= \dfrac{1}{n}\sum_{k=1}^n E[(X_k - \mu + \mu - \overline{X})^2] \\
&= \dfrac{1}{n}\sum_{k=1}^n E[(X_k - \mu)^2] + \dfrac{1}{n}\sum_{k=1}^n E[(\overline{X} - \mu)^2] \\
&\quad - 2\dfrac{1}{n}\sum_{k=1}^n E[(X_k - \mu)(\overline{X} - \mu)] \\
&= \dfrac{1}{n}\sum_{k=1}^n V[X_k] + V[\overline{X}] - 2V[\overline{X}] \\
&= \sigma^2 - \dfrac{\sigma^2}{n} = \dfrac{n-1}{n}\sigma^2.
\end{aligned}$$

問 3.4 問 3.2 の結果および定理 3.1 を用いて, 問 3.1 の資料について $E[\overline{X}]$, $V[\overline{X}]$, $E[S(X)^2]$, $V[S(X)^2]$ を求めよ.

問題 3.2

1.

5	8	7	6	7
6	4	6	5	3
10	0	5	7	7
6	4	3	2	2
9	6	6	1	5

左の表は, 25 名の学生に 10 点満点の試験を行った結果である. 度数分布表をつくり, モード, メジアン, 標本平均値, 標本分散値, 標本標準偏差値を求めよ.

2. 定理 3.1 の最後の箇所

$$V[S(X)^2] = \dfrac{\nu - \sigma^4}{n} - \dfrac{2(\nu - 2\sigma^4)}{n^2} + \dfrac{\nu - 3\sigma^4}{n^3}$$

を証明せよ.

第4章

推定

本章では，母集団分布の形はわかっているが，未知母数 θ を含むとき，大きさ n の標本値 $x_1, x_2, \ldots, x_n$ から θ を推定する問題を考える．

4.1 点推定 I

不偏推定量 T を母数 θ の推定量とする．T が $E[T] = \theta$ をみたすとき，T を θ の**不偏推定量**という．また，T の実現値を**不偏推定値**といい，T の小文字 t で表すことにする．

例題 4.1 $X_1, X_2, \ldots, X_n$ を母平均 μ，母分散 σ^2 をもつ母集団分布に従う標本変量とするとき，

1) 標本平均 (変量)
$$\overline{X} := \frac{1}{n} \sum_{k=1}^{n} X_k$$
は μ の不偏推定量であることを示せ．

2) 標本分散 (変量)
$$S(X)^2 := \frac{1}{n} \sum_{k=1}^{n} (X_k - \overline{X})^2$$
は σ^2 の不偏推定量ではないことを示せ．

解 1) $E[\overline{X}] = \dfrac{1}{n}\sum_{k=1}^{n} E[X_k] = \mu$ であるから，$\overline{X}$ は μ の不偏推定量となる．

2) $X_1, X_2, \ldots, X_n$ は独立であるから，$V[\overline{X}] = \dfrac{1}{n^2}\sum_{k=1}^{n} V[X_k] = \dfrac{\sigma^2}{n}$ となる．

$$E[S(X)^2] = \frac{1}{n}\sum_{k=1}^{n} E[(X_k - \overline{X})^2]$$

$$= \frac{1}{n}\sum_{k=1}^{n} E[(X_k - \mu + \mu - \overline{X})^2]$$

$$= \frac{1}{n}\sum_{k=1}^{n} E[(X_k - \mu)^2] + \frac{1}{n}\sum_{k=1}^{n} E[(\overline{X} - \mu)^2]$$

$$- 2\frac{1}{n}\sum_{k=1}^{n} E[(X_k - \mu)(\overline{X} - \mu)]$$

$$= \frac{1}{n}\sum_{k=1}^{n} V[X_k] + V[\overline{X}] - 2V[\overline{X}]$$

$$= \sigma^2 - \frac{\sigma^2}{n} = \frac{n-1}{n}\sigma^2$$

と計算され，$E[S(X)^2] = \sigma^2$ とはならない．したがって，$S(X)^2$ は σ^2 の不偏推定量ではない．

例題 4.1 から，σ^2 の不偏推定量として，

$$U(X)^2 := \frac{n}{n-1}S(X)^2 = \frac{1}{n-1}\sum_{k=1}^{n}(X_k - \overline{X})^2$$

を挙げることができる．これを**不偏分散 (変量)** とよぶ．

> **問 4.1** 標本変量 $X_1, X_2, \ldots, X_n$ が母平均 μ，母分散 σ^2 をもつ母集団分布に従うとする．変量 Y を $Y = \alpha_1 X_1 + \alpha_2 X_2 + \cdots + \alpha_n X_n$ ($\alpha_1, \alpha_2, \ldots, \alpha_n$ は定数，$\alpha_1 + \alpha_2 + \cdots + \alpha_n = 1$) とする．このとき Y は μ の不偏推定量であることを示せ．

> **問 4.2** 問 4.1 と同じ設定の下，$V[Y]$ が最小になるとき，$\alpha_1, \alpha_2, \ldots, \alpha_n$ がみたす条件を求めよ (このとき，Y を μ の**最小分散不偏推定量**という)．

問題 4.1

1. X_1, X_2, X_3 は母数 $\theta(\neq 0)$ をもつ母集団分布に従う標本変量で，いずれも θ の不偏推定量とする．$V[X_i] = {\sigma_i}^2 (i = 1, 2, 3)$ とするとき，X_1, X_2, X_3 の一次式 $Y := a_1 X_1 + a_2 X_2 + a_3 X_3$ (a_1, a_2, a_3 は実数) のうち，θ の不偏推定量で，分散が最小のものは，

$$\left(\frac{X_1}{{\sigma_1}^2} + \frac{X_2}{{\sigma_2}^2} + \frac{X_3}{{\sigma_3}^2} \right) \bigg/ \left(\frac{1}{{\sigma_1}^2} + \frac{1}{{\sigma_2}^2} + \frac{1}{{\sigma_3}^2} \right)$$

となることを示せ．

2. $X_1, X_2, \ldots, X_n$ は正規分布 $N(\mu, \sigma^2)$ を母集団分布とする標本変量で，μ を既知とするとき，次の統計量はいずれも σ の不偏推定量となることを示せ．

   1) $S_1 := \sqrt{\dfrac{\pi}{2} \cdot \dfrac{1}{n} \sum_{k=1}^{n} |X_k - \mu|}$

   2) $S_2 := \sqrt{\dfrac{\pi}{2n(n-1)} \sum_{k=1}^{n} |X_k - \overline{X}|}$

4.2 点推定 II

最尤推定量 母数 θ をもつ母集団分布に従う標本変量 $X_1, X_2, \ldots, X_n$ に対して，$(X_1, X_2, \ldots, X_n)$ の確率関数あるいは確率密度関数は θ にも依存するから，$p(x_1, x_2, \ldots, x_n; \theta)$ と表すことができる．これを $x_1, x_2, \ldots, x_n$ を固定して θ の関数として考えるとき，$(X_1, X_2, \ldots, X_n)$ の**尤度関数**とよび，$L(\theta)$ と表すことにする．尤度関数 $L(\theta) := p(x_1, x_2, \ldots, x_n; \theta)$ の値を最大にする θ^* が $(x_1, x_2, \ldots, x_n)$ の関数として定まるとき，$\theta^* = \theta^*(x_1, x_2, \ldots, x_n)$ を θ の**最尤推定値**といい，これを実現値とする推定量 $\widehat{\theta} = \widehat{\theta}(X_1, X_2, \ldots, X_n)$ を θ の**最尤推定量**という．このとき，母数 θ は一つとは限らない．すなわち，$L(\theta)$ は多変数関数となることもある．

注） 1) 母集団分布が母数 θ をもつ離散分布であるとき，$(X_1, X_2, \ldots, X_n)$

の確率関数は

$$p(x_1, x_2, \ldots, x_n; \theta) = P(X_1 = x_1, X_2 = x_2, \ldots, X_n = x_n)$$

で与えられる．この確率を最大とすることは，$(X_1, X_2, \ldots, X_n)$ が**実現値** $(x_1, x_2, \ldots, x_n)$ **をとる確率**を最大にすることであるから，1つの規準となると考えられる．最尤とは，最も尤もらしいという意味であるが，あくまでも名称であり規準のうちの1つである．

2) $p(x_1, x_2, \ldots, x_n; \theta)$ が $x_1, x_2, \ldots, x_n$ の区分的連続関数で，かつ，

$$p(x_1, x_2, \ldots, x_n; \theta) \geqq 0, \quad \int_{\mathbb{R}^n} p(x_1, x_2, \ldots, x_n; \theta)\, dx_1 dx_2 \cdots dx_n = 1$$

をみたすとき $\mathbb{R}^n$ 上の**確率密度関数**とよばれる．$(X_1, X_2, \ldots, X_n)$ が確率密度関数 $p(x_1, x_2, \ldots, x_n; \theta)$ をもつ分布に従うとき，任意の $a_j \leqq b_j$ $(j = 1, 2, \ldots, n)$ に対して，$(X_1, X_2, \ldots, X_n)$ の位置が $[a_1, b_1] \times [a_2, b_2] \times \cdots \times [a_n, b_n]$ に入る確率は

$$P(a_1 \leqq X_1 \leqq b_1, \ldots, a_n \leqq X_n \leqq b_n)$$
$$= \int_{a_n}^{b_n} \cdots \int_{a_1}^{b_1} p(x_1, x_2, \ldots, x_n; \theta)\, dx_1 dx_2 \cdots dx_n$$

で与えられる．

3) $X_1, X_2, \ldots, X_n$ は独立であるから，母集団分布を特徴付ける確率関数あるいは確率密度関数を $p(x; \theta)$ とおけば，

$$p(x_1, x_2, \ldots, x_n; \theta) = \prod_{k=1}^{n} p(x_k; \theta)$$

となる．

例題 4.2 $X_1, X_2, \ldots, X_n$ が正規分布 $N(\mu, \sigma^2)$ を母集団分布とし，母平均 μ，母分散 σ^2 がともに未知のとき，標本平均変量 $\overline{X}$ は μ の最尤推定量であり，標本分散変量 $S(X)^2$ は σ^2 の最尤推定量である．これを示せ．

解 $N(\mu, \sigma^2)$ の確率密度関数 $p(x; \mu, \sigma^2) := \dfrac{1}{\sqrt{2\pi\sigma^2}} \exp\left[-\dfrac{(x-\mu)^2}{2\sigma^2}\right]$ に対し，

$L(\mu, \sigma^2) := p(x_1; \mu, \sigma^2) p(x_2; \mu, \sigma^2) \cdots p(x_n; \mu, \sigma^2)$ とおくと,
$$\log L(\mu, \sigma^2) = \sum_{k=1}^n \log p(x_k; \mu, \sigma^2) = -\frac{n}{2}\log(2\pi\sigma^2) - \frac{1}{2\sigma^2}\sum_{k=1}^n (x_k - \mu)^2$$
となる. これを μ, σ^2 を変数の関数と考えてそれぞれについて偏微分をすると,
$$\frac{\partial}{\partial \mu}\log L(\mu, \sigma^2) = \frac{1}{\sigma^2}\sum_{k=1}^n (x_k - \mu)$$
$$\frac{\partial}{\partial \sigma^2}\log L(\mu, \sigma^2) = -\frac{n}{2\sigma^2} + \frac{1}{2(\sigma^2)^2}\sum_{k=1}^n (x_k - \mu)^2$$
を得る. $\frac{\partial}{\partial \mu}\log L(\mu, \sigma^2) = \frac{\partial}{\partial \sigma^2}\log L(\mu, \sigma^2) = 0$ をみたす μ, σ^2 の値のとき, $L(\mu, \sigma^2)$ も最大となるので, 求める μ, σ^2 の最尤推定値はそれぞれ,
$$\mu^* = \frac{1}{n}\sum_{k=1}^n x_k = \overline{x}, \quad (\sigma^2)^* = \frac{1}{n}\sum_{k=1}^n (x_k - \overline{x})^2$$
となり, したがって, μ, σ^2 の最尤推定量
$$\widehat{\mu} = \frac{1}{n}\sum_{k=1}^n X_k = \overline{X}, \quad \widehat{\sigma^2} = \frac{1}{n}\sum_{k=1}^n (X_k - \overline{X})^2 = S(X)^2$$
を得る. ∎

> **問 4.3** 事象 A が起こる確率を p, 起こらない確率を q $(p+q=1)$ とし, 初めて A が起こるまでに要した試行回数を X とする. すなわち $P(X=k) = pq^{k-1}$ である (このとき, X は**幾何分布** $Ge(p)$ に従うという). 標本変量 $X_1, X_2, \ldots, X_n$ が母集団分布 $Ge(\theta)$ に従っているとき, 未知の母数 θ の最尤推定量を求めよ.

問題 4.2

1. 標本変量 $X_1, X_2, \ldots, X_n$ の従う母集団分布が次の各分布で, θ を未知の母数とするとき, θ の最尤推定量を求めよ.

  1) 二項分布 $B(m; \theta)$, 2) 一様分布 $U(0, \theta)$,

ただし, 変量 X が $U(0, \theta)$, $\theta > 0$ に従うとは, 任意の $a < b$ に対して,
$$P(a \leqq X \leqq b) = \int_a^b p(x; \theta)\,dx, \quad p(x; \theta) := \begin{cases} \dfrac{1}{\theta} & (0 < x < \theta) \\ 0 & (その他) \end{cases}$$
となるときにいう.

2. 試験管の中の菌の個数は **Poisson 分布** $Po(\lambda)$ $(\lambda > 0)$ に従うものとし，母数 λ は未知とする．n 個の試験管内の菌の個数 $X_1, X_2, \ldots, X_n$ を $Po(\lambda)$ に従う標本変量とするとき，λ の最尤推定量を求めよ．ただし，変量 X が $Po(\lambda)$ に従うとは，

$$P(X = k) = \frac{\lambda^k}{k!} e^{-\lambda} \quad (k = 0, 1, 2, \ldots)$$

となるときにいう (Poisson 分布については付録を参照せよ).

第5章

検定

5.1 検定の考え方

母集団(母集団分布)について仮定された命題を標本に基づいて検証することを**仮説検定**という.たとえば,あるデータ(標本値)が与えられ,それらを抽出する標本変量がある母集団分布に従うと仮定するとき,その分布が正しいかそうでないかの判定はこの仮説検定にあたる.仮定する母集団分布の形はわかっているが未知母数を含んでいる場合は,その未知母数を仮定すればよい.

データを導く標本変量のモデル分布と仮定する真の分布とのある種の距離を与えると考えることもできる.適合度検定はまさにその1つであり,この概念を進めて情報量統計学なる分野も発展している.

n 個の対象のうち,ある属性をもつものが f 個あるとする.属性の理論比率を p と仮定する.このとき,f を実現値にもつ確率変数を F とすれば,理論と実際のずれは,たとえば,

$$K = \frac{(F-np)^2}{np} + \frac{\{n-F-n(1-p)\}^2}{n(1-p)} = \left\{\frac{F-np}{\sqrt{np(1-p)}}\right\}^2$$

で与えることができる.F は二項分布 $B(n;p)$ に従うと考えられるから,中心極限定理により,n が十分大きいとき,

$$\frac{F-np}{\sqrt{np(1-p)}} = \frac{F-E[F]}{\sqrt{V[F]}}$$

は標準正規分布 $N(0,1)$ に従っているとみなすことができる．それゆえ，

$$P(K \geqq k_{0.05}) = P(\sqrt{K} \geqq \sqrt{k_{0.05}}) + P(-\sqrt{K} \leqq -\sqrt{k_{0.05}}) = 0.05$$

となる．$\sqrt{k_{0.05}}$ は正規分布表により 1.96 となる．したがって，$k_{0.05} = 3.8416$ を得る．このことから，K の実現値が 3.8416 以上になるようであれば実際の値は理論値からはずれていると考えることができる．しかしながら，まだ 5% は K の実現値が 3.8416 以上になることもあるわけであるから，この 0.05 は**危険率**あるいは**有意水準**とよばれる．5.3 節で解説するが，K の従う分布は**自由度 1 の χ^2-分布**とよばれる．

ある工場の機械で製造している製品のうち，大体 1% は不良品がでることが調べられていた．機械を新しくし，製品 1000 個を調べたところ 5 個が不良品であった．新しい機械によって，改善されたといえるかという例を考えてみる．上記において，仮説は $p = 0.01$ となり，$n = 1000, f = 5$ であるから，K の実現値 k_0 は，

$$k_0 = \frac{(f-np)^2}{np} + \frac{\{n-f-n(1-p)\}^2}{n(1-p)} = \left(\frac{5}{\sqrt{9.9}}\right)^2 = 2.525$$

となる．$k_0 < k_{0.05}$ であるから，危険率 5% で，新しい機械を導入しても改善されたとはいえないと結論できる．このように，その判定が間違っている危険率のもとで結論を出すことは，摂理的には世の中に適合していると考えられる．

また，仮説 $p = 0.01$ は，上記の例では採択されているが，これが棄却されて「改善された」という結論を得るように立てられた仮説である．このように無に帰する意図をもって立てる仮説であるため，**帰無仮説**とよばれる．

例題 5.1 コインを 20 回投げたところ，表が 16 回出た．このコインは表裏が対称に作られているといえるか．有意水準 0.01 で検定せよ．

解 表が出る確率を p として，帰無仮説を $p = \dfrac{1}{2}$ とする．表が出た回数を X とすると，

$$k_0 = \left(\frac{16 - 20 \times \frac{1}{2}}{\sqrt{20 \times \frac{1}{2} \times \frac{1}{2}}}\right)^2 = \left(\frac{6}{\sqrt{5}}\right)^2 = 7.2 > k_{0.01} = 6.635$$

となる．したがって有意水準 0.01 で仮説を棄却し，コインが表裏対称には作られていないと結論する．

問 5.1 上の例題で表が 13 回出たとするとどうなるか．有意水準 0.05 で検定せよ．

問題 5.1

1. 400 回コインを投げたところ，220 回表が出た．このコインは表裏が対称に作られているといえるか．有意水準 5% で検定せよ．

5.2 仮説検定 I

$X_1, X_2, \ldots, X_n$ は母平均 μ，母分散 σ^2 の正規分布を母集団分布とする無作為標本 (変量) とする．

5.1 の例のように，仮説検定において，最初に立てる仮説を**帰無仮説**という．帰無仮説を捨てたときに誤りをおかす確率の許されるべき最大値を**有意水準**または**危険率**という．また，帰無仮説が棄却されたときに採択する仮説を**対立仮説**という．

検定方法 1 母平均が未知で，母分散は既知 $\sigma^2 = \sigma_0^2$ であるとする．
1) 帰無仮説 $H_0 : \mu = \mu_0$ とおく．μ_0 はある実数である．すなわち，$X_1, X_2, \ldots, X_n$ は正規分布 $N(\mu_0, \sigma_0^2)$ に従う無作為標本であると仮定する．対立仮説 $H_1 : \mu \neq \mu_0$ とするとき**両側検定**，$H_1 : \mu > \mu_0$ とするとき**右側検定**，$H_1 : \mu < \mu_0$ とするとき**左側検定**とよばれ，検定対象に対していずれかの対立仮説を立てる．
2) 標本平均変量 $\overline{X} = \dfrac{1}{n} \sum_{k=1}^{n} X_k$ を考える．$\overline{X} \sim N\left(\mu_0, \dfrac{\sigma_0^2}{n}\right)$ である．
3) $\overline{X}$ の規準化 $Z = \dfrac{\overline{X} - \mu_0}{\frac{\sigma_0}{\sqrt{n}}}$ を考える．$Z \sim N(0, 1)$ である．

4) 有意水準を $0 < \alpha < 1$ とする．通常 $\alpha = 0.05$ あるいは 0.01 とすることが多い．

　　　i)　両側検定の場合： $P(|Z| \geqq z_\alpha) = \alpha$,
　　　　　$C = \{z \in \mathbb{R} \mid |z| \geqq z_\alpha\}$ とおく．

　　　ii)　右側検定の場合： $P(Z \geqq z_\alpha) = \alpha$,
　　　　　$C = \{z \in \mathbb{R} \mid z \geqq z_\alpha\}$ とおく．

　　　iii)　左側検定の場合： $P(Z \leqq z_\alpha) = \alpha$,
　　　　　$C = \{z \in \mathbb{R} \mid z \leqq z_\alpha\}$ とおく．

z_α は正規分布表から求めることができる．

5) Z の実現値 $z_0 := \dfrac{\overline{x} - \mu_0}{\frac{\sigma_0}{\sqrt{n}}}$ を求める．

6) $z_0 \in C$ であれば，確率 α で H_0 が起こったことになり，これは不自然であるから H_0 を棄却し，$z_0 \notin C$ であれば，H_0 を採択する．それゆえ，C を**棄却域**という．

7) H_0 を棄却，採択した後に，「結論として何がわかったのか」 が大切である．

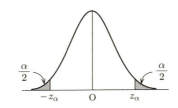

図 5.1　両側検定

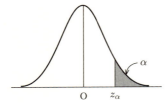

図 5.2　右側検定

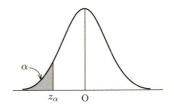

図 5.3　左側検定

注) たとえば両側検定の場合, $P(|Z| \geqq z_\alpha) = \alpha$ を変形すると

$$P\left(|\mu_0 - \overline{X}| \geqq z_\alpha \frac{\sigma_0}{\sqrt{n}}\right) = \alpha \tag{5.1}$$

となる. $z \in C$ は, $|\mu_0 - \overline{x}| \geqq z_\alpha \frac{\sigma_0}{\sqrt{n}}$ を意味する. つまり, H_0 の棄却, 採択は, μ_0 と $\overline{x}$ がどれだけ離れているかにより判定されるということである. その際の規準を α で決めている. 母集団分布が正規分布 $N(\mu_0, \sigma_0{}^2)$ である無作為標本に対して, $\overline{X}$ は, (5.1) をみたすのであるから, 仮説 H_0 が正しいにもかかわらず, H_0 を捨てるという誤りをおかす確率が α であるということができる.

例題 5.2 ある食品の袋詰め自動機械は内容量が平均 $300\,\mathrm{g}$, 標準偏差 $6\,\mathrm{g}$ となるように設定されている. 無作為に 15 個の製品を抜き取り検査をしたところ, 内容量の平均は $297.5\,\mathrm{g}$ であった. 内容量は正規分布に従うとして, この機械は再調整が必要かどうかを有意水準 5% で検定せよ.

解 帰無仮説 $H_0 : \mu = 300$ を統計量 $Z = \dfrac{\overline{X} - 300}{6/\sqrt{15}}$ を用いて, 両側検定 (対立仮説 $H_1 : \mu \neq 300$) にて検定する. 有意水準 $\alpha = 0.05$ に対して, 正規分布表より $P(|Z| \geqq z_\alpha) = \alpha$ なる $z_\alpha = 1.96$ を得る. Z の実現値 z_0 は

$$z_0 = \frac{\overline{x} - 300}{6/\sqrt{15}} = \frac{297.5 - 300}{6/\sqrt{15}} = -\frac{2.5 \times \sqrt{15}}{6} = -1.6137$$

と計算され, $|z_0| < z_\alpha$ となるから, H_0 は採択される. したがって, 再調整が必要であるとはいえないと結論される.

問 5.2 全国の小学校 1 年生の平均身長は $122\,\mathrm{cm}$ であり, 分散は $30\,\mathrm{cm}^2$ であるとする. ある小学校で 25 人の 1 年生の身長を調べたら, 平均は $120.5\,\mathrm{cm}$ であった. この小学校の 1 年生の平均身長は全国平均に一致しているといってよいか. 身長は正規分布に従うとして, 有意水準 0.05 で検定せよ.

例題 5.3 開発した新薬を従来の薬と比較して効き目がよくなったかを調べたい. 過去の経験から従来の薬の効用指数は平均が 100, 分散が 25 の正規分布に従うことがわかっている. 新しく開発した薬を適用し, 25 例を調べ

たところ，標本平均 101.5 と算出された．新薬は改良されたといえるか．
有意水準 5% にて検定せよ．

解 帰無仮説 $H_0: \mu = 100$ を統計量 $Z = \dfrac{\overline{X} - 100}{5/\sqrt{25}}$ を用いて，右側検定 (対立仮説 $H_1: \mu > 100$) にて検定する．有意水準 $\alpha = 0.05$ に対して，正規分布表より $P(Z \geqq z_\alpha) = \alpha$ なる $z_\alpha = 1.64$ を得る．Z の実現値 z_0 は

$$z_0 = \frac{\overline{x} - 100}{5/\sqrt{25}} = \frac{101.5 - 100}{5/5} = 1.5$$

と計算され，$z_0 < z_\alpha$ となるから，H_0 は採択される．したがって，新薬は改良されたとはいえないと結論される．

問 5.3 得点分布が $N(50, 12^2)$ に従うテストを，あるクラス 36 人に実施したところ，平均点が 53.8 点であった．このクラスは平均よりよくできるといえるか．有意水準 0.05 で検定せよ．

例題 5.4 ある会社の電球は平均寿命 1700 時間，標準偏差 180 時間に規格化されていると表示されている．この会社の電球から 16 個の電球を無作為に選び検査したところ，平均寿命 1620 時間であった．この会社は平均寿命を偽って長く表示しているといえるだろうか．電球の寿命は正規分布に従うとして，有意水準 5% で検定せよ．

解 帰無仮説 $H_0: \mu = 1700$ を統計量 $Z = \dfrac{\overline{X} - 1700}{180/\sqrt{16}}$ を用いて，左側検定 (対立仮説 $H_1: \mu < 1700$) にて検定する．有意水準 $\alpha = 0.05$ に対して，正規分布表より $P(Z \leqq z_\alpha) = \alpha$ なる $z_\alpha = -1.64$ を得る．Z の実現値 z_0 は

$$z_0 = \frac{\overline{x} - 1700}{180/\sqrt{16}} = \frac{1620 - 1700}{45} = \frac{-80}{45} = -1.7778$$

と計算され，$z_0 < z_\alpha$ となるから，H_0 は棄却される．したがって，平均寿命を偽って長く表示していると結論される．

問 5.4 例題 5.3 において，有意水準を 10% としたときに検定せよ．

問題 5.2

1. 次の値は，正規分布 $N(3.10, 0.10)$ を母集団分布とする標本変量の実現値とみなすことができるか．有意水準 5% で検定せよ．また，有意水準を 10% としたらどうなるか．

$$3.56, 3.07, 3.45, 3.42, 3.24.$$

2. ある化合物の元素 A 含有量は平均 15.68%，標準偏差 2.42% であると過去の経験から知られている．いま，この化合物の一部から無作為に抽出した大きさ 36 の標本値の平均が 17.17% であった．この部分は特に元素 A が多いといえるか．元素 A 含有量は正規分布に従うものとして，有意水準 5% で検定せよ．

3. 前の問題において，標本平均値が 14.45% のとき，この部分は特に元素 A が少ないといえるか．有意水準 1% で検定せよ．

5.3 仮説検定 II

$X_1, X_2, \ldots, X_n$ は母平均 μ，母分散 σ^2 の正規分布を母集団分布とする無作為標本 (変量) とする．例題 4.1 より，$X_1, X_2, \ldots, X_n$ を母集団分布 $N(\mu, \sigma^2)$ からの無作為標本 (変量) とするとき，標本平均変量 $\overline{X}$ は μ の不偏推定量であるが，標本分散変量 $S(X)^2$ は σ^2 の不偏推定量とはならない．実際，$E[S(X)^2] = \dfrac{n-1}{n}\sigma^2$ となり，**不偏分散変量**

$$U^2 := U(X)^2 = \frac{n}{n-1}S(X)^2 = \frac{1}{n-1}\sum_{k=1}^{n}(X_k - \overline{X})^2$$

が σ^2 の不偏推定量であった．

χ^2-分布 $Z_1, Z_2, \ldots, Z_n$ が独立な確率変数列で，標準正規分布 $N(0,1)$ に従うとき，$Z_1^2 + Z_2^2 + \cdots + Z_n^2$ の従う分布を**自由度 n の χ^2 (カイ 2 乗)-分布**といい，$\chi^2(n)$ で表す．

ガンマ関数 $\Gamma(\alpha) := \displaystyle\int_0^\infty x^{\alpha-1} e^{-x}\, dx \quad (\alpha > 0)$ を **Γ (ガンマ) 関数**という．

第 5 章 検定

定理 5.1 $\chi^2(n)$ は確率密度関数

$$p_{\chi^2(n)}(u) := \begin{cases} \dfrac{1}{2^{\frac{n}{2}}\Gamma(\frac{n}{2})} u^{\frac{n}{2}-1} e^{-\frac{u}{2}} & (u > 0) \\ 0 & (u \leqq 0) \end{cases}$$

をもつ 1 次元分布として与えられる.

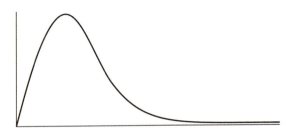

図 **5.4** $y = p_{\chi^2(n)}(x)$ の図

t-分布 $N(0,1)$ に従う確率変数 Z, $\chi^2(n)$ に従う確率変数 K_n が独立であるとするとき, $\dfrac{Z}{\sqrt{K_n/n}}$ の従う分布を**自由度 n の t-分布**といい, $t(n)$ で表す.

定理 5.2 $t(n)$ は確率密度関数

$$p_{t(n)}(u) := \frac{1}{\sqrt{n\pi}} \cdot \frac{\Gamma(\frac{n+1}{2})}{\Gamma(\frac{n}{2})} \left(1 + \frac{u^2}{n}\right)^{-\frac{n+1}{2}} \quad (-\infty < u < \infty)$$

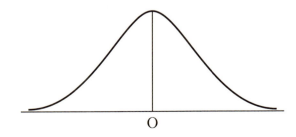

図 **5.5** $y = p_{t(n)}(x)$ の図

をもつ 1 次元分布として与えられる.

定理 5.3 $X_1, X_2, \ldots, X_n$ を母集団分布 $N(\mu, \sigma^2)$ からの無作為標本 (変量) とするとき,

$$T := \frac{\overline{X} - \mu}{\frac{U(X)}{\sqrt{n}}} = \frac{\overline{X} - \mu}{\frac{S(X)}{\sqrt{n-1}}}$$

は $t(n-1)$ に従う.

検定方法 2 母平均, 母分散ともに未知であるとする.

1) 帰無仮説 $H_0 : \mu = \mu_0$ とおく. μ_0 はある実数である. すなわち, $X_1, X_2, \ldots, X_n$ は正規分布 $N(\mu_0, \sigma^2)$ に従う無作為標本であると仮定する.

2) 標本平均変量 $\overline{X} = \frac{1}{n} \sum_{k=1}^{n} X_k$ を考える. $\overline{X} \sim N\left(\mu_0, \frac{\sigma^2}{n}\right)$ である. σ^2 は未知であることに注意!

3) $T = \frac{\overline{X} - \mu_0}{\frac{U(X)}{\sqrt{n}}}$ を考える. $T \sim t(n-1)$ である.

4) 有意水準を $0 < \alpha < 1$ とする. 通常 $\alpha = 0.05$ あるいは 0.01 とすることが多い.

   i) 両側検定の場合: $P(|T| \geq t_\alpha) = \alpha$,
      棄却域 $C = \{t \in \mathbb{R} | \, |t| \geq t_\alpha\}$.

   ii) 右側検定の場合: $P(T \geq t_\alpha) = \alpha$,
       棄却域 $C = \{t \in \mathbb{R} | \, t \geq t_\alpha\}$.

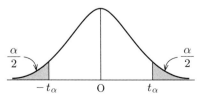

図 **5.6** 両側検定

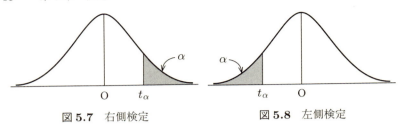

図 5.7　右側検定　　　　図 5.8　左側検定

 iii)　左側検定の場合： $P(T \leqq t_\alpha) = \alpha$,
   棄却域 $C = \{t \in \mathbb{R} | \ t \leqq t_\alpha\}$.

 t_α は t-分布表から求めることができる.

5)　T の実現値 $t_0 := \dfrac{\overline{x} - \mu_0}{\frac{u(x)}{\sqrt{n}}}$ を求める.

6)　$t_0 \in C$ であれば, H_0 を棄却し, $t_0 \notin C$ であれば, H_0 を採択する.

7)　H_0 を棄却, 採択した後に, 「結論として何がわかったのか」 が大切である.

例題 5.5　ある食品の袋詰め自動機械は内容量が平均 300 g となるように設定されている. 無作為に 15 個の製品を抜き取り検査をしたところ, 内容量の平均は 297.5 g, 標準偏差は 6 g であった. 内容量は正規分布に従うとして, この機械は再調整が必要かどうかを有意水準 5% で検定せよ.

解　帰無仮説 $H_0 : \mu = 300$ を統計量 $T = \dfrac{\overline{X} - 300}{S(X)/\sqrt{14}} (\sim t(14))$ を用いて, 両側検定 (対立仮説 $H_1 : \mu \neq 300$) にて検定する. 有意水準 $\alpha = 0.05$ に対して, t-分布表より $P(|T| \geqq t_\alpha) = \alpha$ なる $t_\alpha = 2.145$ を得る. T の実現値 t_0 は

$$t_0 = \frac{\overline{x} - 300}{6/\sqrt{14}} = \frac{297.5 - 300}{6/\sqrt{14}} = -\frac{2.5 \times \sqrt{14}}{6} = -1.559$$

と計算され, $|t_0| < t_\alpha$ となるから, H_0 は採択される. したがって, 再調整が必要であるとはいえないと結論される.

問 5.5　ある食品には 100 g あたり平均 8.40 g のタンパク質が含まれているという. 10 個の食品を調べたところ 100 g あたり平均 8.25 g, 標準偏差が 0.21 g であった. この食品に含まれるタンパク質の量は標準平均通りといってよいか. 有意水準 0.05 で検定せよ.

5.3 仮説検定 II

例題 5.6 開発した新薬を従来の薬と比較して効き目がよくなったかを調べたい．過去の経験から従来の薬の効用指数は平均が 100 の正規分布に従うことがわかっている．新しく開発した薬を適用し，25 例を調べたところ，平均 101.5，標準偏差 4 と算出された．新薬は改良されたといえるか．有意水準 5% にて検定せよ．

解 帰無仮説 $H_0 : \mu = 100$ を統計量 $T = \dfrac{\overline{X} - 100}{S(X)/\sqrt{24}} (\sim t(24))$ を用いて，右側検定 (対立仮説 $H_1 : \mu > 100$) にて検定する．有意水準 $\alpha = 0.05$ に対して，t-分布表より $P(T \geqq t_\alpha) = \alpha$ なる $t_\alpha = 1.711$ を得る．T の実現値 t_0 は

$$t_0 = \frac{\overline{x} - 100}{4/\sqrt{24}} = \frac{101.5 - 100}{4/\sqrt{24}} = \frac{1.5 \times \sqrt{24}}{4} = 1.837$$

と計算され，$t_0 > t_\alpha$ となるから，H_0 は棄却される．したがって，新薬は改良されたと結論される．

問 5.6 ある食品のパッケージには，内容量 90 g と記載されている．そこで 15 個の商品について内容量を量ると以下のような結果を得た．製造会社にクレームを入れてよいか．有意水準 0.05 で検定せよ．

$$87, 88, 84, 90, 94, 85, 90, 89, 95, 89, 84, 83, 83, 93, 86.$$

例題 5.7 ある会社の電球は平均寿命 1700 時間に規格化されていると表示されている．この会社の電球から 16 個の電球を無作為に選び検査したところ，平均寿命 1620 時間，標準偏差 180 時間であった．この会社は平均寿命を偽って長く表示しているといえるだろうか．電球の寿命は正規分布に従うとして，有意水準 5% で検定せよ．

解 帰無仮説 $H_0 : \mu = 1700$ を統計量 $T = \dfrac{\overline{X} - 1700}{S(X)/\sqrt{15}} (\sim t(15))$ を用いて，左側検定 (対立仮説 $H_1 : \mu < 1700$) にて検定する．有意水準 $\alpha = 0.05$ に対して，t-分布表より $P(T \leqq t_\alpha) = \alpha$ なる $t_\alpha = -1.753$ を得る．T の実現値 t_0 は

$$t_0 = \frac{\overline{x} - 1700}{180/\sqrt{15}} = \frac{1620 - 1700}{180/\sqrt{15}} = -\frac{4 \times \sqrt{15}}{9} = -1.721$$

と計算され，$t_0 > t_\alpha$ となるから，H_0 は採択される．したがって，平均寿命を偽って長く表示しているとはいえないと結論される．

50　第5章　検定

問 5.7 例題 5.6 において，有意水準を 10% としたときに検定せよ．

問題 5.3

1. 次の値は，平均 3.10 の正規分布を母集団分布とする標本変量の実現値とみなすことができるか．有意水準 5% で検定せよ．また，有意水準を 1% としたらどうなるか．

$$3.56, 3.07, 3.45, 3.42, 3.24.$$

2. ある化合物の元素 A 含有量は平均 15.68% であると過去の経験から知られている．いま，この化合物の一部から無作為に抽出した大きさ 36 の標本値の平均が 17.17%，標準偏差 2.42% であった．この部分は特に元素 A が多いといえるか．元素 A 含有量は正規分布に従うものとして，有意水準 5% で検定せよ．

3. 前の問題において，標本平均値が 14.45%，標準偏差 2.42% のとき，この部分は特に元素 A が少ないといえるか．有意水準 1% で検定せよ．

5.4　仮説検定 III

$X_1, X_2, \ldots, X_n$ は有限離散分布

$$\begin{pmatrix} x_k \\ p_k \end{pmatrix}_{k=1,2,\ldots,N}$$

に従う無作為標本 (変量) とする．抽出する変量を X とすれば，母集団 Ω は

$$X^{-1}(\{x_k\}) := \{\omega |\ X(\omega) = x_k\}\ (k = 1, 2, \ldots, N)$$

によって分割されていることになる．すなわち，$A_k := X^{-1}(\{x_k\})\ (k = 1, 2, \ldots, N)$ とおけば，これらは互いに素で，

$$\Omega = A_1 \cup A_2 \cup \cdots \cup A_N, \quad P(A_k) = p_k\ (k = 1, 2, \ldots, N)$$

となっている．

5.4 仮説検定 III

実測度数を実現値にもつ変量　変量 F_k $(k=1,2,\ldots,N)$ を

$$F_k(\omega) := \sum_{j=1}^{n} \delta_{X_j(\omega), x_k}, \quad \omega \in \Omega$$

により定義する．ここで実数 x, y に対して $\delta_{x,y}$ はクロネッカーのデルタとよばれ，

$$\delta_{x,y} := \begin{cases} 1 & (x = y) \\ 0 & (x \neq y) \end{cases}$$

で与えられる．

注） F_k は $X_1, X_2, \ldots, X_n$ のうちで実現値が x_k となる変量の個数を表している．すなわち，A_k に属する度数 f_k を実現値とする統計量である．

χ^2-統計量　統計量 K を

$$K := \sum_{k=1}^{N} \frac{(F_k - np_k)^2}{np_k}$$

と定義する．

定理 5.4　np_k $(k=1,2,\ldots,N)$ が十分大きいとき，統計量 K は近似的に自由度 $N-1$ の χ^2-分布 $\chi^2(N-1)$ に従う．

検定方法 3 (適合度検定)

1) 帰無仮説 $H_0 : X_1, X_2, \ldots, X_n$ は有限離散分布

$$\begin{pmatrix} x_k \\ p_k \end{pmatrix}_{k=1,2,\ldots,N}$$

に従う無作為標本 (変量) とする．np_k $(k=1,2,\ldots,N)$ が十分大きいとする．

2) 変量 $F_k := \sum_{j=1}^{n} \delta_{X_j(\omega), x_k}$ $(k=1,2,\ldots,N)$ を考える．

3) $K := \sum_{k=1}^{N} \dfrac{(F_k - np_k)^2}{np_k}$ を考える．近似的に $K \sim \chi^2(N-1)$ である．

4) 有意水準を $0 < \alpha < 1$ とする．通常 $\alpha = 0.05$ あるいは 0.01 とすることが多い．右側検定で行う．

$$P(K \geqq k_\alpha) = \alpha, \text{棄却域 } C = \{x \in \mathbb{R} \mid x \geqq k_\alpha\}.$$

k_α は χ^2-分布表から求めることができる．

5) K の実現値 $k_0 := \sum_{k=1}^{N} \dfrac{(f_k - np_k)^2}{np_k}$ を求める．

6) $k_0 \in C$ であれば，H_0 を棄却し，$k_0 \notin C$ であれば，H_0 を採択する．

7) H_0 を棄却，採択した後に，「結論として何がわかったのか」 が大切である．

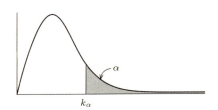

図 5.9 適合度検定（χ^2 検定ともいう）

例題 5.8 サイコロが正しくできているか調べるために 120 回投げて出た目の数を調べた．1 から 6 までの目の現れた度数は以下の通りであった．このサイコロは正しく作られているといえるか．有意水準 5% で検定せよ．

$$18, \quad 32, \quad 10, \quad 10, \quad 30, \quad 20.$$

解 帰無仮説 H_0：「サイコロは正しく作られている」を統計量

$$K = \sum_{k=1}^{6} \dfrac{(F_k - 20)^2}{20} \; (\sim \chi^2(5))$$

を用いて，適合度検定にて検定する．F_k は「k の目が出る」度数を実現値にもつ統計量である．有意水準 $\alpha = 0.05$ に対して，χ^2-分布表より $P(K \geqq k_\alpha) = \alpha$ なる $k_\alpha = 11.07$

を得る．K の実現値 k_0 は
$$k_0 = \frac{(18-20)^2}{20} + \frac{(32-20)^2}{20} + \frac{(10-20)^2}{20}$$
$$+ \frac{(10-20)^2}{20} + \frac{(30-20)^2}{20} + \frac{(20-20)^2}{20} = 22.4$$
と計算され，$k_0 > k_\alpha$ となるから，H_0 は棄却される．したがって，サイコロは正しく作られていないと結論される． ■

例題 5.9 ある病気に対する3種類の薬品 A_1, A_2, A_3 について，それぞれ50人を選び，効力を調べたところ，下記の表を得た．

薬品	効力あり	効力なし	計
A_1	27	23	50
A_2	35	15	50
A_3	28	22	50

3種類の薬品の効力に差があるといえるか．有意水準 0.05 で検定せよ．

解 帰無仮説 H_0 を「薬品の効力に差はない」とする．上記の表において，実測度数 $f_{ij}, f_{i,\cdot}, f_{\cdot,j}$ ($i=1,2,3; j=1,2$) を

薬品	効力あり	効力なし	計
A_1	$f_{11}=27$	$f_{12}=23$	$f_{1,\cdot}=50$
A_2	$f_{21}=35$	$f_{22}=15$	$f_{2,\cdot}=50$
A_3	$f_{31}=28$	$f_{32}=22$	$f_{3,\cdot}=50$
計	$f_{\cdot,1}=90$	$f_{\cdot,2}=60$	$n=150$

とおく．ここで $f_{i,\cdot}, f_{\cdot,j}$ ($i=1,2,3; j=1,2$) は
$$f_{i,\cdot} = \sum_{j=1}^{2} f_{ij}, \quad f_{\cdot,j} = \sum_{i=1}^{3} f_{ij}$$
を意味する．「薬品 A_i を飲むという事象」を薬品と同じ記号 A_i で表し，「薬品の効力があるという事象」を B_1，「薬品の効力がないという事象」を B_2 で表せば，H_0 は「すべての i,j に対して $P(A_i \cap B_j) = \dfrac{f_{i,\cdot} f_{\cdot,j}}{n^2}$」と言い換えることができる．これは，事象族 $\{A_1, A_2, A_3\}$ と事象族 $\{B_1, B_2\}$ が独立ということを意味している[(*)]．このとき，各 f_{ij} を実現値にもつ変量を F_{ij} とすると，変量
$$K := \sum_{i=1}^{3} \sum_{j=1}^{2} \frac{(F_{ij} - \frac{f_{i,\cdot} f_{\cdot,j}}{n})^2}{\frac{f_{i,\cdot} f_{\cdot,j}}{n}}$$

は自由度 $(i\text{の個数}-1)(j\text{の個数}-1) = (3-1)(2-1) = 2$ の χ^2-分布 $\chi^2(2)$ に従うことがわかる．有意水準 $\alpha = 0.05$ に対して，χ^2-分布表より $P(K \geqq k_\alpha) = \alpha$ なる $k_\alpha = 5.991$ を得る．そこで，K の実現値 k_0 を求めると，

$$k_0 = \frac{(27-30)^2}{30} + \frac{(35-30)^2}{30} + \frac{(28-30)^2}{30} + \frac{(23-20)^2}{20} + \frac{(15-20)^2}{20} + \frac{(22-20)^2}{20}$$

$$= \frac{19}{6} = 3.167$$

と計算され，$k_0 < k_\alpha$ となるから，H_0 は採択される．したがって，薬品の効力に差があるとはいえないと結論される．

注） $(*)$ をもう少し詳しく説明する．事象族 $\{A_1, A_2, A_3\}$ と事象族 $\{B_1, B_2\}$ が独立であるとは，任意の i, j に対して，A_i と B_j が独立であるときにいう．すなわち，任意の i, j に対して，

$$P(A_i \cap B_j) = P(A_i)P(B_j)$$

が成り立つことをいう．ここでは $P(A_i) = \dfrac{f_{i,\cdot}}{n}$，$P(B_j) = \dfrac{f_{\cdot,j}}{n}$ であるから，

$$P(A_i \cap B_j) = \frac{f_{i,\cdot} f_{\cdot,j}}{n^2}$$

となる．

問 5.8 A, B, C 3 社から納品された製品の良品，不良品の内訳は以下のようであった．

	良品	不良品	合計
A 社	180	20	200
B 社	205	45	250
C 社	165	15	180

3 社の製造能力に差があるといえるか．有意水準 0.05 で検定せよ．

問題 5.4

1. 日本人の血液型の割合は，A 型，O 型，B 型，AB 型がそれぞれ 40％，30％，20％，10％ であることがこれまでの統計調査の結果知られている．

ある大学の学生 100 人を標本にとり，血液型を調べて次の結果を得た．

$$\begin{array}{cccc} \text{A型} & \text{O型} & \text{B型} & \text{AB型} \\ 35 & 33 & 25 & 7 \end{array}$$

この割合が $4:3:2:1$ に従っているといえるか．有意水準 5% で検定せよ．

2. ある工場である期間内に起きた事故の数を曜日別に分類して下記の表を得た．この結果より事故の数が曜日に関係すると考えられるか．有意水準 5% で検定せよ．

$$\begin{array}{ccccccc} \text{月} & \text{火} & \text{水} & \text{木} & \text{金} & \text{土} & \text{計} \\ 15 & 5 & 6 & 11 & 7 & 16 & 60 \end{array}$$

第6章

付録

付録1　順列と組み合わせ

順列　a, b, c, d の4つの文字を順番に並べる方法が何通りあるかを考える．1番目には a, b, c, d の4つを置くことが可能であり，2番目には1番目に置いた文字以外の3つを置くことが可能である．3番目には1番目と2番目に置いた文字以外の2つが考えられ，4番目には残りの1つしか置けない．そこで，すべての方法は $4 \times 3 \times 2 \times 1 = 24$ 通りある．一般に n 個のものを1列に並べるとき，その列の1つ1つを**順列**という．

定理 6.1　相異なる n 個のものを並べる順列の数は
$$n \cdot (n-1) \cdots 3 \cdot 2 \cdot 1 = n! \quad (n \text{ の階乗と読む}).$$

組み合わせ　次に a, b, c, d, e の5つの文字から3つを選ぶ選び方が何通りあるかを考える．まず，5つの文字から3つを選んで並べる順列の数は $5 \times 4 \times 3 = 60$ 通りある．ところが，たとえば a, b, c の3つを選んだ場合，$(a, b, c), (a, c, b), (b, a, c), (b, c, a), (c, a, b), (c, b, a)$ の6通りの順列は文字の選び方としては同じとみなされる．定理6.1によれば，この順列は $3 \times 2 \times 1 = 3!$ 通りあるから，結局求める選び方は $\dfrac{5 \times 4 \times 3}{3!} = \dfrac{5!}{3! \cdot 2!}$ となる．このように，並べる順序に関係なく選んだ組を**組み合わせ**という．

定理 6.2 相異なる n 個のものから k 個のものを選ぶ組み合わせの数は
$$_nC_k := \frac{n!}{k! \cdot (n-k)!}.$$

注) $_nC_k$ を $\begin{pmatrix} n \\ k \end{pmatrix}$ と書くこともある.

二項定理 $(a+b)^4 = (a+b) \times (a+b) \times (a+b) \times (a+b)$ を展開することを考える. たとえば a^3b という項がいくつ出てくるかを見ると, 右辺の 4 つの ( ) から a を選ぶ ( ) を 3 つと, b を選ぶ ( ) を 1 つ決めればよい. 定理 6.2 より, その選び方は $\frac{4}{3! \cdot 1!} = \begin{pmatrix} 4 \\ 3 \end{pmatrix} = 4$ 通りである. このように考えると,

$$(a+b)^4 = \begin{pmatrix} 4 \\ 4 \end{pmatrix} a^4 + \begin{pmatrix} 4 \\ 3 \end{pmatrix} a^3b + \begin{pmatrix} 4 \\ 2 \end{pmatrix} a^2b^2 + \begin{pmatrix} 4 \\ 1 \end{pmatrix} ab^3 + \begin{pmatrix} 4 \\ 0 \end{pmatrix} b^4$$

となる. ここで $\begin{pmatrix} n \\ 0 \end{pmatrix} = 1$ とする.

定理 6.3
$$(a+b)^n = a^n + na^{n-1}b + \cdots + nab^{n-1} + b^n = \sum_{k=0}^{n} \begin{pmatrix} n \\ k \end{pmatrix} a^k b^{n-k}.$$

二項展開の式に現れることから $_nC_k = \begin{pmatrix} n \\ k \end{pmatrix}$ を**二項係数**という.

付録 2　有限加法族と完全加法族

ド・モルガンの法則　はじめに, 第 1 章にあげたド・モルガンの法則の一般化について述べる.

定理 6.4 無限個の事象 $A_n (n=1,2,\ldots)$ に対し，

(1) $\left(\bigcup_{n=1}^{\infty} A_n\right)^c = \bigcap_{n=1}^{\infty} (A_n)^c,$

(2) $\left(\bigcap_{n=1}^{\infty} A_n\right)^c = \bigcup_{n=1}^{\infty} (A_n)^c.$

証明 (1) $\left(\bigcup_{n=1}^{\infty} A_n\right)^c \subset \bigcap_{n=1}^{\infty} (A_n)^c$ かつ $\bigcap_{n=1}^{\infty} (A_n)^c \subset \left(\bigcup_{n=1}^{\infty} A_n\right)^c$ をいえばよい．

$\omega \in \left(\bigcup_{n=1}^{\infty} A_n\right)^c \iff \omega \notin \bigcup_{n=1}^{\infty} A_n$

$\iff$ すべての $n=1,2,\ldots$ に対して $\omega \notin A_n$

$\iff$ すべての $n=1,2,\ldots$ に対して $\omega \in (A_n)^c$

$\iff \omega \in \bigcap_{n=1}^{\infty} (A_n)^c.$

(2) 同様に，

$\omega \in \left(\bigcap_{n=1}^{\infty} A_n\right)^c \iff \omega \notin \bigcap_{n=1}^{\infty} A_n$

$\iff \omega \notin A_n$ となる n がとれる

$\iff \omega \in (A_n)^c$ となる n がとれる

$\iff \omega \in \bigcup_{n=1}^{\infty} (A_n)^c.$ ∎

さらに，次の式も有用である．これは事象において分配法則が成り立つことを示している．証明は定理 6.4 の方法と同様に，両辺の包含関係を示せばよい．各自で試みてほしい．

定理 6.5 無限個の事象 $A_n (n=1,2,\ldots)$ と事象 B に対し，

(1) $\left(\bigcup_{n=1}^{\infty} A_n\right) \cap B = \bigcup_{n=1}^{\infty} (A_n \cap B),$

(2) $\left(\bigcap_{n=1}^{\infty} A_n\right) \cup B = \bigcap_{n=1}^{\infty} (A_n \cup B).$

有限加法族　ある集合 Ω に対し，その部分集合族 (Ω の部分集合 (事象) の集まり) $\mathcal{F}$ が，次の条件 (1), (2), (3) をみたすとき，Ω 上の**有限加法族** (または単に**加法族**) という．

(1) $\Omega \in \mathcal{F}$

(2) $A \in \mathcal{F}$ ならば $A^c \in \mathcal{F}$

(3) $A_i \in \mathcal{F}\ (i=1,2,\ldots,n)$ ならば $\displaystyle\bigcup_{i=1}^{n} A_i \in \mathcal{F}$

注)　1)　(1) と (2) より $\phi = \Omega^c \in \mathcal{F}$.

2)　$A_i \in \mathcal{F}\ (i=1,2,\ldots,n)$ ならば $\displaystyle\bigcap_{i=1}^{n} A_i \in \mathcal{F}$ である．

なぜなら，$A_i \in \mathcal{F}\ (i=1,2,\ldots,n)$ ならば (2) より $(A_i)^c \in \mathcal{F}$ であり，さらに (3) と定理 6.4 を用いれば $\displaystyle\left(\bigcap_{i=1}^{n} A_i\right)^c = \bigcup_{i=1}^{n} (A_i)^c \in \mathcal{F}$ であるから，再び (2) より $\displaystyle\bigcap_{i=1}^{n} A_i \in \mathcal{F}$ がいえる．

これからわかるように，Ω 上の有限加法族とは，Ω の部分集合により構成され，和演算 $\cup$，積演算 $\cap$，余 (事象をとる) 演算 c について有限回閉じている集合族のことである．

完全加法族　上の 3 つの条件のうち，(3) を次のように変更してみる．

(3)' $A_i \in \mathcal{F}\ (i=1,2,\ldots)$ ならば $\displaystyle\bigcup_{i=1}^{\infty} A_i \in \mathcal{F}$

(1), (2), (3)' をみたすとき，$\mathcal{F}$ を Ω 上の**完全加法族** (または **σ-加法族**) という．先の注 1，注 2 と同様に，$\mathcal{F}$ が Ω 上の完全加法族であるときも

$\phi = \Omega^c \in \mathcal{F}$,

$A_i \in \mathcal{F}\ (i=1,2,\ldots)$ ならば $\displaystyle\bigcap_{i=1}^{\infty} A_i \in \mathcal{F}$

が成り立つ．つまり，Ω 上の完全加法族とは，Ω の部分集合により構成され，和演算，積演算，余演算について無限回閉じている集合族のことである．

付録3 　確率測度と確率空間

確率測度　空でない集合 Ω 上の完全加法族を $\mathcal{F}$ とする．$\mathcal{F}$ 上の実数値関数 P が次をみたすとき，P を $\mathcal{F}$ 上の**確率測度**という．

(1) 　$P(\Omega) = 1$

(2) 　$A \in \mathcal{F}$ のとき $P(A) \geqq 0$

(3) 　$A_1, A_2, \ldots \in \mathcal{F}, A_i \cap A_j = \phi \ (i \neq j)$ ならば $P\left(\bigcup_{n=1}^{\infty} A_n\right) = \sum_{n=1}^{\infty} P(A_n)$

　　（これを**完全加法性**という．）

注)　確率測度 P に対して，

(4) 　$P(\phi) = 0$

が成り立つ．条件 (1) を仮定せず，$P(\Omega) \leqq \infty$ のとき，(2), (3), (4) をみたす P を単に**測度**という．確率測度とは，測度のなかで全測度が 1 であるものを指す．

確率空間　空でない集合 Ω の完全加法族を $\mathcal{F}$ とし，$\mathcal{F}$ 上の確率測度を P とする．この3つを組にした $(\Omega, \mathcal{F}, P)$ を**確率空間**という．集合 Ω に確率構造が加えられたとき，Ω を**標本空間**とよぶ．

硬貨を2回投げることを考える．$\Omega = \{(表, 表), (表, 裏), (裏, 表), (裏, 裏)\}$ であり，2回の結果に興味があるのであれば，

$\mathcal{F}_1 = \Big\{\phi, \Omega, \{(表, 表)\}, \{(表, 裏)\}, \{(裏, 表)\}, \{(裏, 裏)\}, \{(表, 表), (表, 裏)\},$
$\{(表, 表), (裏, 表)\}, \{(表, 表), (裏, 裏)\}, \{(表, 裏), (裏, 表)\}, \{(表, 裏), (裏, 裏)\},$
$\{(裏, 表), (裏, 裏)\}, \{(表, 表), (表, 裏), (裏, 表)\}, \{(表, 表), (表, 裏), (裏, 裏)\},$
$\{(表, 表), (裏, 表), (裏, 裏)\}, \{(表, 裏), (裏, 表), (裏, 裏)\}\Big\}$

とすればよい．一方，1回目が表か裏かにのみ興味があるのであれば，

$\mathcal{F}_2 = \Big\{\phi, \Omega, \{(表, 表), (表, 裏)\}, \{(裏, 表), (裏, 裏)\}\Big\}$

とすれば十分である．また，同じ $\mathcal{F}_1$ に対しても，正しい硬貨であれば表の出る確率も裏の出る確率も共に $\frac{1}{2}$ であるから，$P(\{(表, 表), (表, 裏)\}) = \frac{1}{2}$ であるが，表の出る確率が $\frac{1}{3}$，裏の出る確率が $\frac{2}{3}$ であるような歪んだ硬貨であ

れば，$P(\{(表,表),(表,裏)\}) = \dfrac{1}{3}$ となる．このように同じ空間 Ω に対しても，その事象のとり方や，それぞれの事象に与える確率は立場によって異なるので，確率を考える場合にはこの点に注意する必要がある．空間と加法族と確率測度を組にして確率空間をとらえるのには，このような理由がある．

確率変数　厳密には，確率空間 $(\Omega, \mathcal{F}, P)$ が与えられたとき，Ω 上の関数 X で，任意の $x \in \mathbb{R}$ に対して，

$$\{\omega \mid X(\omega) \leqq x\} \in \mathcal{F}$$

を満たすものを**確率変数**という．

付録4　スターリングの公式

二項係数 $\begin{pmatrix} n \\ k \end{pmatrix}$ に現れる $n!, k!, (n-k)!$ など，階乗で表される数は，そのしくみが簡単でわかりやすい反面，計算しづらく，特に，その大きさや大きくなる速さなどをとらえることは難しい．実際，n を大きくしていくにしたがって $n!$ が急速に大きくなっていく様子は，10! くらいまで計算してみればすぐにわかる．そこで，階乗で表されている数を，扱いやすくしかも量的にとらえやすい値で近似することを考える．これがスターリングの公式である．

定理 6.6　(ワリスの公式)

$$\lim_{n \to \infty} \frac{(2^n n!)^2}{\sqrt{n}(2n)!} = \sqrt{\pi}$$

証明　$I_n = \displaystyle\int_0^{\frac{\pi}{2}} \sin^n x \, dx$ とすると，部分積分することによって，

$$I_m = \frac{m-1}{m} I_{m-2} \quad (m \geqq 2)$$

を得る．この式において $m = 2n, 2n+1$ とおけば，

$$I_{2n} = \frac{\pi(2n)!}{2(2^n n!)^2}, \quad I_{2n+1} = \frac{(2^n n!)^2}{(2n+1)(2n)!}$$

となる．$0 \leqq x \leqq \dfrac{\pi}{2}$ のとき，$\sin^n x$ は n に関して単調減少であるから，

$$I_{2n} \geqq I_{2n+1} \geqq I_{2n+2} = \frac{2n+1}{2n+2} I_{2n}$$

となる．各辺を I_{2n} で割ってから $n \to \infty$ とすると，はさみ打ちの原理から $\displaystyle\lim_{n\to\infty} \frac{I_{2n+1}}{I_{2n}} = 1$ となる．この式に先の I_{2n}, I_{2n+1} を代入して整理すると，

$$\frac{I_{2n+1}}{I_{2n}} = \left\{\frac{2^n \cdot n!}{\sqrt{n} \cdot (2n)!}\right\}^2 \cdot \frac{2n}{\pi(2n+1)}$$

より与式を得る． ∎

定理 6.7　（スターリングの公式）　n が十分大きいとき，

$$n! \fallingdotseq \sqrt{2\pi n}\left(\frac{n}{e}\right)^n$$

が成り立つ．

証明　$A_n = \log 2 + \log 3 + \cdots + \log(n-1) + \dfrac{1}{2}\log n = \log(n-1)! + \dfrac{1}{2}\log n$

とする．まず，$A_n = \dfrac{1}{2}\displaystyle\sum_{k=1}^{n-1}\{\log k + \log(k+1)\}$ と変形する．A_n は下図の斜線部分の面積を表しているから

$$A_n < \int_1^n \log x\,dx$$

を得る．

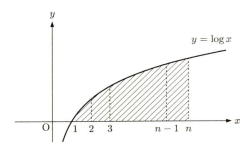

一方，

$$\log k = \frac{1}{2}\left\{\left(\frac{k-\frac{1}{2}}{k} + \log k - 1\right) + \left(\frac{k+\frac{1}{2}}{k} + \log k - 1\right)\right\}$$

と変形すれば，$\log k$ は下図の斜線部分の面積を表しているから

$$A_n = \frac{1}{2}\sum_{k=2}^{n-1}\left\{\left(\frac{k-\frac{1}{2}}{k} + \log k - 1\right) + \left(\frac{k+\frac{1}{2}}{k} + \log k - 1\right)\right\} + \frac{1}{2}\log k$$

$$> \int_{\frac{3}{2}}^{n} \log x \, dx$$

となる.

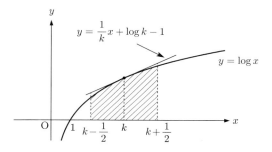

これより

$$n \log n - n + \frac{3}{2}\left(1 - \log \frac{3}{2}\right) < \log(n-1)! + \frac{1}{2}\log n < n \log n - n + 1$$

を得るが,この各辺に $\frac{1}{2}\log n$ を加え,

$$B_n = \log n! - \left(n + \frac{1}{2}\right)\log n + n = \log \frac{n!}{\sqrt{n}}\left(\frac{e}{n}\right)^n$$

とすれば

$$\frac{3}{2}\left(1 - \log \frac{3}{2}\right) < B_n < 1$$

となる.B_n は単調かつ有界であるから極限値をもつ.そこで,

$$\lim_{n \to \infty} B_n = \lim_{n \to \infty} \log \frac{n!}{\sqrt{n}}\left(\frac{e}{n}\right)^n = \log C$$

とおくと,十分大きい n に対して

$$n! \fallingdotseq C\sqrt{n}\left(\frac{n}{e}\right)^n$$

となる.この式を定理 6.6 の式に代入すれば $C = \sqrt{2\pi}$ が得られる.

付録5　Poissonの法則

確率変数 X が二項分布 $B(n;p)$ に従っているとする.n が十分大きく,それに対して p が十分小さい値をとり,np が定数 λ に十分近いとき,X の分

布は パラメーター λ の Poisson 分布 $Po(\lambda)$ で近似できる．実際，
$X \sim B(n;p)$ のとき
$P(X = k) = {}_nC_k\, p^k(1-p)^{n-k}$

$$= \frac{n(n-1)(n-2)\cdots(n-k+1)}{k!}\left(\frac{np}{n}\right)^k\left(1-\frac{np}{n}\right)^n (1-p)^{-k}$$

$$= \frac{(np)^k}{k!}\left(1-\frac{np}{n}\right)^n\left(1-\frac{1}{n}\right)\left(1-\frac{2}{n}\right)\cdots\left(1-\frac{k-1}{n}\right)(1-p)^{-k}$$

$$\fallingdotseq \frac{\lambda^k}{k!}\left(1-\frac{\lambda}{n}\right)^n 1\cdot 1\cdots 1\cdot 1^{-k}$$

$$\fallingdotseq \frac{\lambda^k}{k!}e^{-\lambda}$$

となる．これは X の分布が Poisson 分布 $Po(\lambda)$ で近似できることを示す．

不良品率が 0.004 である製造ラインから無作為に 500 個の製品を選んで検査したとき，不良品が 3 個以上見つかる確率を求めてみよう．

見つかった不良品の数を X とすると，$X \sim B(500; 0.004)$ であるから，
$$P(X = k) = {}_{500}C_k (0.004)^k (0.996)^{500-k}$$
である．この計算は実用的ではない．そこで，$n = 500$ が十分大きく，$p = 0.004$ が十分小さいと考えると，$B(500; 0.004)$ は $Po(2)$ ($\lambda = 500 \times 0.004 = 2$) で近似できる．つまり，
$$P(X = k) \fallingdotseq \frac{2^k}{k!}e^{-2}$$
である．このとき求める確率は
$P(X \geqq 3) = 1 - P(X \leqq 2)$

$$= 1 - \{P(X = 0) + P(X = 1) + P(X = 2)\}$$

$$\fallingdotseq 1 - \left(\frac{2^0}{0!} + \frac{2^1}{1!} + \frac{2^2}{2!}\right)e^{-2}$$

$$= 1 - \frac{5}{e^2} \fallingdotseq 0.323$$

となる．$np < 5$ のときに $B(n; p)$ が $Po(\lambda)$ で近似できることが経験的に知られている．

付録6　ド・モアブル-ラプラスの定理

X が二項分布 $B(n;p)$ に従う確率変数であるとすると，

$$P(X=k) = \binom{n}{k} p^k q^{n-k} \quad (p+q=1)$$

であった．第1章の「経験的確率」でも述べたように，

$$\lim_{n\to\infty} \frac{k}{n} = p$$

が成り立つ．そこで十分大きい n に対して $x = k - np$ とする．$k = np + x$, $n - k = nq - x$ とスターリングの公式を用いると，

$$P(X=k) = \frac{n!}{k!\,(n-k)!} p^k q^{n-k}$$

$$\fallingdotseq \frac{\sqrt{2\pi n}\, n^n e^{-n} p^k q^{n-k}}{\sqrt{2\pi k}\, k^k e^{-k} \sqrt{2\pi(n-k)}\, (n-k)^{n-k} e^{-n+k}}$$

$$= \sqrt{\frac{n}{2\pi k(n-k)}} \left(\frac{np}{k}\right)^k \left(\frac{nq}{n-k}\right)^{n-k}$$

$$= \sqrt{\frac{n}{2\pi(np+x)(nq-x)}} \left(\frac{np}{np+x}\right)^{np+x} \left(\frac{nq}{nq-x}\right)^{nq-x}$$

$$= \sqrt{\frac{n\delta\varepsilon}{2\pi(1+\delta x)(1-\varepsilon x)}} \left(\frac{1}{1+\delta x}\right)^{\frac{1}{\delta}+x} \left(\frac{1}{1-\varepsilon x}\right)^{\frac{1}{\varepsilon}-x}$$

を得る．ここで $np = \dfrac{1}{\delta}$, $nq = \dfrac{1}{\varepsilon}$ とおくと，

$$\left(\frac{1}{\delta}+x\right) \log\left(\frac{1}{1+\delta x}\right) = -\left(\frac{1}{\delta}+x\right)\left(\delta x - \frac{(\delta x)^2}{2} + \cdots\right)$$

$$= -x - \frac{\delta}{2} x^2 + \cdots$$

$$\left(\frac{1}{\varepsilon}-x\right) \log\left(\frac{1}{1-\varepsilon x}\right) = -\left(\frac{1}{\varepsilon}-x\right)\left(-\varepsilon x - \frac{(\varepsilon x)^2}{2} - \cdots\right)$$

$$= x - \frac{\varepsilon}{2} x^2 + \cdots$$

であることから，
$$\left(\frac{1}{1+\delta x}\right)^{\frac{1}{\delta}+x} \fallingdotseq e^{-x-\frac{\delta}{2}x^2} , \left(\frac{1}{1-\varepsilon x}\right)^{\frac{1}{\varepsilon}-x} \fallingdotseq e^{x-\frac{\varepsilon}{2}x^2}$$
を上式に用いると，
$$P(X=k) \fallingdotseq \frac{1}{\sqrt{2\pi npq}} e^{-\frac{x^2}{2npq}}$$
となる．ここで $\sigma = \sqrt{V[X]} = \sqrt{npq}$ とすると，
$$P(X=k) \fallingdotseq \frac{1}{\sqrt{2\pi}\sigma} e^{-\frac{x^2}{2\sigma^2}} = \frac{1}{\sqrt{2\pi}\sigma} e^{-\frac{(k-np)^2}{2\sigma^2}}$$
を得る．これを用いて，$a \leqq k \leqq b$ である確率を求めよう．
$$\alpha = \frac{a-np}{\sigma} , \beta = \frac{b-np}{\sigma}$$
とすると
$$P(a \leqq X \leqq b) = \sum_{k=a}^{b} P(X=k)$$
$$\fallingdotseq \sum_{k=a}^{b} \frac{1}{\sqrt{2\pi}\sigma} e^{-\frac{(k-np)^2}{2\sigma^2}}$$
$$= \sum_{t=\alpha}^{\beta} \frac{1}{\sqrt{2\pi}\sigma} e^{-\frac{t^2}{2}}$$
$$\fallingdotseq \frac{1}{\sqrt{2\pi}} \int_{\alpha}^{\beta} e^{-\frac{t^2}{2}} dt$$
となる．二項分布は正規分布で近似できることが示された．

> **定理 6.8 (ド・モアブル-ラプラスの定理)** 十分大きい n に対して
> $$P(a \leqq X \leqq b) \fallingdotseq \frac{1}{\sqrt{2\pi}} \int_{\alpha}^{\beta} e^{-\frac{t^2}{2}} dt$$
> が成り立つ．

定理 6.8 を一般化した定理が，次に挙げる中心極限定理である．

定理 6.9 (中心極限定理) $(X_k)_{k=1}^{\infty}$ を同一分布に従う独立確率変数列とし,
$$S_n = X_1 + X_2 + \cdots + X_n \ (n=1,2,\ldots)$$
とおく. $\mu = E[X_1]$, $\sigma^2 = V[X_1]$ が有限であるとき $Z_n = \dfrac{S_n - n\mu}{\sigma\sqrt{n}}$ の分布関数 $F_{Z_n}(x)$ は任意の $x \in \mathbb{R}$ に対して, $\dfrac{1}{\sqrt{2\pi}} \displaystyle\int_{-\infty}^{x} e^{-\frac{t^2}{2}} dt$ に収束する.

付録7 定理2.2の証明の補足

一般の確率変数 X に対して, ある有限離散分布に従う確率変数の列 $(X_n)_{n=1}^{\infty}$ が存在して, $X_n \to X (n \to \infty)$ かつ $\lim_{n\to\infty} E[X_n]$ が近似列 $(X_n)_{n=1}^{\infty}$ によらずに一意的に定まるとき, $E[X] = \lim_{n\to\infty} E[X_n]$ と定義する. 確率密度関数をもつ連続分布に従う確率変数 X に対して, ある有限離散分布に従う確率変数の列 $(X_n)_{n=1}^{\infty}$ が存在して,

$$X_n \to X \ (n \to \infty), \quad E[X] = \lim_{n\to\infty} E[X_n]$$

とすることができる. たとえば, $n = 1, 2, \ldots$ に対して,

$$A_n(k) = \left\{\omega \ \middle| \ \frac{k-1}{2^n} \leq X(\omega) < \frac{k}{2^n}\right\} \ (k = 1, 2, \ldots, n2^n),$$

$$A_n(n2^n + 1) = \{\omega | \ X(\omega) \geq n\},$$

$$B_n(k) = \left\{\omega \ \middle| \ -\frac{k}{2^n} < X(\omega) \leq -\frac{k-1}{2^n}\right\} \ (k = 1, 2, \ldots, n2^n),$$

$$B_n(n2^n + 1) = \{\omega | \ X(\omega) \leq -n\}$$

とおいて,

$$X_n(\omega) = \sum_{k=1}^{n2^n} \frac{k-1}{2^n} 1_{A_n(k)}(\omega) + n 1_{A_n(n2^n+1)}(\omega)$$

$$- \sum_{k=1}^{n2^n - 1} \frac{k-1}{2^n} 1_{B_n(k)}(\omega) - n 1_{B_n(n2^n)}(\omega) \ (n = 1, 2, \ldots)$$

と定めればよい.

2) $E[aX + bY] = aE[X] + bE[Y]$

証明 有限離散分布に従う確率変数の列 $(X_n)_{n=1}^{\infty}$, $(Y_n)_{n=1}^{\infty}$ を上記のようにとると,
$$E[X] = \lim_{n\to\infty} E[X_n], \quad E[Y] = \lim_{n\to\infty} E[Y_n]$$
かつ $E[aX + bY] = \lim_{n\to\infty} E[aX_n + bY_n]$ が成り立つ. 従って,
$$E[aX + bY] = \lim_{n\to\infty} (aE[X_n] + bE[Y_n])$$
$$= a \lim_{n\to\infty} E[X_n] + b \lim_{n\to\infty} E[Y_n]$$
$$= aE[X] + bE[Y].$$

5) X, Y が独立のとき, $E[XY] = E[X]E[Y]$

証明 有限離散分布に従う確率変数の列 $(X_n)_{n=1}^{\infty}$, $(Y_n)_{n=1}^{\infty}$ を p.67 のようにとると,
$$E[X] = \lim_{n\to\infty} E[X_n], \quad E[Y] = \lim_{n\to\infty} E[Y_n]$$
かつ $E[XY] = \lim_{n\to\infty} E[X_n Y_n]$ が成り立つ. また, 任意の $n = 1, 2, \ldots$ に対して, X_n, Y_n は独立となるから,
$$E[XY] = \lim_{n\to\infty} E[X_n Y_n]$$
$$= \lim_{n\to\infty} E[X_n]E[Y_n]$$
$$= \lim_{n\to\infty} E[X_n] \lim_{n\to\infty} E[Y_n]$$
$$= E[X]E[Y].$$

1), 3), 4), 6) の証明は有限離散分布のときと同じである.

解答とヒント

第1章

問 1.1 (p.4)

1) $\Omega = \{\omega_{i_1 i_2 i_3} \mid i_1 = 0, 1, 2, 3,\ i_2 = 0, 1, 2,\ i_3 = 0, 1\}$

2) $X(\omega_{i_1 i_2 i_3}) = i_1 + i_2 + i_3,\ \omega_{i_1 i_2 i_3} \in \Omega$

3) $Y(\omega_{i_1 i_2 i_3}) = 10 i_1 + 50 i_2 + 100 i_3,\ \omega_{i_1 i_2 i_3} \in \Omega$

4) $A = \{\omega_{001}, \omega_{010}, \omega_{011}, \omega_{020}, \omega_{021}, \omega_{100}, \omega_{101}, \omega_{110}, \omega_{111}, \omega_{120}, \omega_{200}, \omega_{201},$
   $\omega_{210}, \omega_{300}\}$

5) $B = \{\omega_{001}, \omega_{020}, \omega_{101}, \omega_{120}, \omega_{310}\}$

6) $A \cap B = \{\omega_{001}, \omega_{020}, \omega_{101}, \omega_{120}\}$
   $A^c \cap B = \{\omega_{310}\}$
   $A \cap B^c = \{\omega_{010}, \omega_{011}, \omega_{021}, \omega_{100}, \omega_{110}, \omega_{111}, \omega_{200}, \omega_{201}, \omega_{210}, \omega_{300}\}$

問題 1.1 (p.5)

1. 1) $(A \cap B^c \cap C^c) \cup (B \cap C^c \cap A^c) \cup (C \cap A^c \cap B^c)$
   2) $(A \cap B \cap C^c) \cup (A^c \cap B \cap C) \cup (A \cap B^c \cap C) \cup (A \cap B \cap C)$
   3) $A^c \cap B^c \cap C^c$

2. Ω の k 個の根元事象からなる部分事象は,n 個の根元事象から k 個を選ぶ組み合わせの個数だけある.これと,二項定理を使って示すことができる.

問 1.2 (p.8)

ド・モルガンの法則および (P5) と (P7) を使い示せる.

解答とヒント

問 1.3 (p.8)
(P7) を使って示すことができる．

問 1.4 (p.8)
問 1.2 の関係と (P5) を使い，$P(A^c \cap B^c) = P(A^c)P(B^c)$ となることを示せ．

問題 1.2 (p.9)
1. $P(A \cup B) = p + q - pq$　　$P(A^c \cap B^c) = (1-p)(1-q)$
2. 背理法を使うとよい．

　　1)　A と B は排反ではない　　2)　A と B は独立ではない

第 2 章

問 2.1 (p.13)
1) の証明：　省略．
3) の証明：　性質 1) と性質 2) を使って示せる．
6) の証明：　性質 1), 2), 3), 5) を使って示せる．

問 2.2 (p.14)
$$E[X] = \frac{2n+1}{3} \quad V[X] = \frac{(n+2)(n-1)}{18}$$
ヒント：$\sum_{k=1}^{n} k, \sum_{k=1}^{n} k^2, \sum_{k=1}^{n} k^3$ が n を使ってどのように表せるかを考えるとよい．

問 2.3 (p.14)
$$E[|X-Y|] = \frac{35}{18} \quad V[|X-Y|] = \frac{665}{324}$$
ヒント：$a \geqq b$ のとき $|a-b| = a-b$ であり，$a < b$ のとき $|a-b| = b-a$ である．

問 2.4 (p.16)

1) $E[X] = 4$ 2) $V[X] = \dfrac{12}{5}$ 3) $k = 4$

問題 2.1 (p.17)

1. $E[X+Y] = 1$　$E[2XY] = -12$　$V[2X-3Y+1] = 17$　$E[X^2] = 11$
2. 1) $E[X] = 1-p$　$E\left[\dfrac{1}{X+1}\right] = \dfrac{1}{2}(p+1)$　2) $p = \dfrac{1}{3}$
   3) $E[X] = \dfrac{2}{3}$　4) $V[X] = \dfrac{2}{9}$
3. $V[XYZ] = 405$

問 2.5 (p.19)

$c = 2$　$E[X] = \dfrac{2}{3}$　$V[X] = \dfrac{1}{18}$

問 2.6 (p.21)

1) 任意の実数 a に対して，$p_{\mu,\sigma}(\mu-a) = p_{\mu,\sigma}(\mu+a)$ となることを示せばよい．
2) $y = p_{\mu,\sigma}(x)$ を微分して，この関数の増減を調べる．
3) 曲線 $y = f(x)$ 上の点 $\mathrm{P}(x, f(x))$ における接線の傾きは $f'(x)$ で与えられた．この傾きが x の増加に伴って増加 (減少) するとき，曲線 $y = f(x)$ は下 (上) に凸という．曲線 $y = f(x)$ の凹凸が入れかわる点を変曲点という．関数 $f(x)$ が 2 回微分可能で，$f''(x)$ は連続であるとする．このとき，$f''(a) = 0$ となり，$x = a$ を境に $f''(x)$ の符号が変わるならばその点が変曲点である．$y = p_{\mu,\sigma}(x)$ について $x = \mu \pm \sigma$ でこれが成り立つかを調べる．

問 2.7 (p.21)

$aX \sim N(a\mu, a^2\sigma^2)$　$X + b \sim N(\mu+b, \sigma^2)$

ヒント：$a > 0$ のとき $P(\alpha \leqq aX \leqq \beta) = P\left(\dfrac{\alpha}{a} \leqq X \leqq \dfrac{\beta}{a}\right)$ と表せることを使う．$a < 0$ のとき $P(\alpha \leqq aX \leqq \beta)$ をどのように表せばよいか考える．$P(\alpha \leqq X+b \leqq \beta)$ についても同様である．

問題 2.2 (p.22)

1. (1) $c = 3$　　(2) $E[X] = \dfrac{3}{4}$　　(3) $V[X] = \dfrac{3}{80}$　　(4) $a = \sqrt[3]{0.5}$

2. すべての x について $p_{\mu,\sigma}(x) \geqq 0$ であることと，$\displaystyle\int_{-\infty}^{\infty} p_{\mu,\sigma}(x)\, dx = 1$ となることを示す．

3. $E[e^{tX}] = e^{\frac{t^2\sigma^2}{2} + \mu t}$　　$E[X^n] = \begin{cases} (n-1)\cdot(n-3)\cdots 3 \cdot 1 & (n\text{ が偶数}) \\ 0 & (n\text{ が奇数}) \end{cases}$

ヒント：まず，$E[e^{tX}]$ について考える．
$$E[e^{tX}] = \exp\left[\dfrac{t^2\sigma^2}{2} + \mu t\right] \int_{-\infty}^{\infty} \dfrac{1}{\sqrt{2\pi}\sigma} \exp\left[-\dfrac{\{x - (\sigma^2 t + \mu)\}^2}{2\sigma^2}\right] dx$$
となることを示す．ここで，被積分関数がある確率密度関数になっていることに注目すると答えが導ける．次に，$\mu = 0$, $\sigma = 1$ のときの $E[X^n]$ について考える．$E[X^n] = (n-1)E[X^{n-2}]$ となることを示し，n が偶数と奇数の場合に分けて考える．

問 2.8 (p.22)

$E[Z] = 0$　　$V[Z] = 1$

問 2.9 (p.25)

(1)　$P(X \geqq 3) = 0.1587$　　(2)　$P(X \leqq 0) = 0.3085$
(3)　$P(-2 \leqq X \leqq 4) = 0.8664$　(4)　$P(X^2 \leqq 9) = 0.8185$
(5)　$P(X^2 \geqq 4) = 0.3753$

問 2.10 (p.25)

(1)　$x = 1$　　(2)　$y = -0.1$　　(3)　$a \geqq 2.06$

解答とヒント 73

問題 2.3 (p.25)

1. (1) 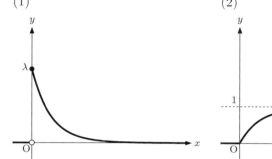 (2)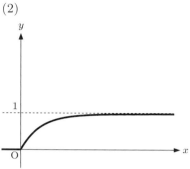

ヒント：(2) は X の分布関数 $F(x)$ は $F(x) = 1 - e^{-\lambda x}$ である．

    (3) $E[X] = \dfrac{1}{\lambda}$ $V[X] = \dfrac{1}{\lambda^2}$

2. (1)  (2)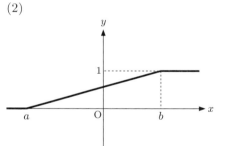

    (3) $E[X] = \dfrac{1}{2}(a+b)$ $V[X] = \dfrac{1}{12}(a-b)^2$

3. $P(|X - \mu| \leqq \sigma) = 0.6826$ $P(|X - \mu| \leqq 2\sigma) = 0.9544$
   $P(|X - \mu| \leqq 3\sigma) = 0.9974$

第 3 章

問 3.1 (p.29)

テストの点数を X で表す．

X	0	1	2	3	4	5	
度数	1	2	4	5	5	3	20
累積度数	1	3	7	12	17	20	20

最も大きい度数は 5 で，そのときの X の値は 3 と 4 である．また，標本数は 20 であるから，中心は 10 と 11 であり，10 番目と 11 番目の学生の点数は両方とも 3 点である．よって，モードは 3, 4 であり，メジアンは $\dfrac{3+3}{2} = 3$ である．

問題 3.1 (p.29)

1. 省略．

問 3.2 (p.31)

試験の点数を X で表す．

X	0	1	2	3	4	5	
f_k	1	2	4	5	5	3	20
$x_k f_k$	0	2	8	15	20	15	60
$x_k{}^2$	0	1	4	9	16	25	
$x_k{}^2 f_k$	0	2	16	45	80	75	218

標本平均値：$\overline{x} = 3$　　標本分散値：$s(x)^2 = 1.9$
標本標準偏差値：$s(x) = \sqrt{1.9}$

問 3.3 (p.31)

1) 統計量である　　2) 統計量である　　3) 統計量ではない
4) 統計量ではない

問 3.4 (p.32)

$E[\overline{X}] = 3$　　$V[\overline{X}] = 0.095$　　$E[S(X)^2] = 1.805$　　$V[S(X)^2] = 0.2501$

問題 3.2 (p.32)

1. 試験の点数を X で表す.

X	0	1	2	3	4	5	6	7	8	9	10	
f_k	1	1	2	2	2	4	6	4	1	1	1	25
$x_k f_k$	0	1	4	6	8	20	36	28	8	9	10	130
$x_k{}^2$	0	1	4	9	16	25	36	49	64	81	100	
$x^2 f_k$	0	1	8	18	32	100	216	196	64	81	100	816

最も大きい度数は 6 で, そのときの X の値は 6 である. また, 標本数は 25 であるから, 中心は 13 である. 13 番目の学生の得点は 6 点である. よって, モードは 6 であり, メジアンは 6 である.

標本平均値: $\bar{x} = 5.2$ 　標本分散値: $s(x)^2 = 5.6$
標本標準偏差値: $s(x) = \sqrt{5.6}$

2. $S(X)^2$ は次のように表せる.

$$S(X)^2 = \frac{n-1}{n^2}\sum_{k=1}^{n}(X_k - \mu)^2 - \frac{1}{n^2}\sum_{k \neq \ell}(X_k - \mu)(X_\ell - \mu).$$

また, $S(X)^4$ は次のように表せる.

$$S(X)^4 = \frac{(n-1)^2}{n^4}\sum_{i=1}^{n}(X_i - \mu)^4 + \frac{n^2 - 2n + 3}{n^4}\sum_{i \neq j}(X_i - \mu)^2(X_j - \mu)^2$$

$$- \frac{4(n-1)}{n^4}\sum_{i \neq j}(X_i - \mu)^3(X_j - \mu)$$

$$- \frac{2(n-3)}{n^4}\sum_{\substack{i,j,k \text{ は} \\ \text{すべて異なる}}}(X_i - \mu)^2(X_j - \mu)(X_k - \mu)$$

$$+ \frac{1}{n^4}\sum_{\substack{i,j,k,\ell \text{ は} \\ \text{すべて異なる}}}(X_i - \mu)(X_j - \mu)(X_k - \mu)(X_\ell - \mu).$$

ここで, X_i $(i = 1, 2, \ldots, n)$ は互いに独立であり, $E[X_i - \mu] = 0$ $(i =$

$1, 2, \ldots, n)$ であるから
$$E[S(X)^4] = \frac{(n-1)^2}{n^3}\nu + \frac{(n-1)(n^2-2n+3)}{n^3}\sigma^4$$
を得る．また，$E[S(X)^2] = \frac{n-1}{n}\sigma^2$ だから，$V[S(X)^2]$ は以下のようになる．
$$V[S(X)^4] = E[S(X)^4] - E[S(X)^2]^2 = \frac{\nu-\sigma^4}{n} - \frac{2(\nu-2\sigma^4)}{n^2} + \frac{\nu-3\sigma^4}{n^3}.$$

第4章

問 4.1 (p.34)

省略．

問 4.2 (p.34)

ヒント：$V[Y] = (\alpha_1{}^2 + \alpha_2{}^2 + \cdots + \alpha_n{}^2)\sigma^2$ だから，分散を最小にするには条件 $\alpha_1 + \alpha_2 + \cdots + \alpha_n = 1$ のもとで，$\alpha_1{}^2 + \alpha_2{}^2 + \cdots + \alpha_n{}^2$ を最小にすることを考えればよい．この条件をみたす $\alpha_1, \alpha_2, \ldots, \alpha_n$ はラグランジュの未定乗数法により求めることができる．

問題 4.1 (p.35)

1. 省略．
2. 1) ヒント：$E[S_1]$ は次のように表せるから，続きの計算をする．
$$E[S_1] = \sqrt{\frac{\pi}{2}} \cdot \frac{1}{n} \sum_{k=1}^{n} E\left[|X_k - \mu|\right]$$
$$= \sqrt{\frac{\pi}{2}} \cdot \frac{1}{n} \cdot n \int_{-\infty}^{\infty} |x-\mu| \cdot \frac{1}{\sqrt{2\pi\sigma^2}} \exp\left[-\frac{(x-\mu)^2}{2\sigma^2}\right] dx.$$

   2) ヒント：確率変数 $X_1, X_2, \ldots, X_n$ は互いに独立で，各 $k = 1, 2, \ldots, n$ に対して $X_k \sim N(\mu_k, \sigma_k{}^2)$ とする．このとき，$a_1, a_2, \ldots, a_n$ を実数とし $Y = a_1 X_1 + a_2 X_2 + \cdots + a_n X_n$ とすると
$$Y \sim N\left(\sum_{k=1}^{n} a_k \mu_k, \sum_{k=1}^{n} a_k{}^2 \sigma_k{}^2\right)$$

となることが知られている．このことを (*) で表す．次の (i) から (iii) を参考にして，S_2 が σ の不偏推定量であることを示せばよい．

(i) $X \sim N(0, \sigma^2)$ のとき $E[|X|] = \sqrt{\dfrac{2}{\pi}} \sigma$ となることを確認する．

(ii) 任意の $k = 1, 2, \ldots, n$ に対して $E[X_k - \overline{X}] = 0$, $V[X_k - \overline{X}] = \dfrac{n-1}{n} \sigma^2$ となることを示すと，上の (*) から $X_k - \overline{X} \sim N\left(0, \dfrac{n-1}{n} \sigma^2\right)$ であることがわかる．

(iii) 上の (i) と (ii) から，$E[|X_k - \overline{X}|]$ がどのように表せるかを考えて，$E[S_2] = \sigma$ となることを示す．

問 4.3 (p.37)

$\widehat{\theta} = \dfrac{1}{\overline{X}}$

ヒント：$L(\theta) := \prod_{k=1}^{n} \theta (1-\theta)^{x_k - 1}$ とおいて考える．

問題 4.2 (p.37)

1. 1) $\widehat{\theta} = \dfrac{\overline{X}}{m}$ 　 2) $\widehat{\theta} = \max(X_1, X_2, \cdots, X_n)$
2. $\widehat{\lambda} = \overline{X}$

第5章

問 5.1 (p.41)

帰無仮説を「コインは対称に作られている」とすると，

$$k_0 = \frac{(f - np)^2}{np} + \frac{\{n - f - (np)\}^2}{n(1-p)} = \left(\frac{3}{\sqrt{5}}\right)^2 = 1.8$$

であり，$k_0 < k_{0.05}$ となり仮説は採択される．

問題 5.1 (p.41)

帰無仮説を「コインは対称に作られている」とすると，
$$k_0 = \frac{(f-np)^2}{np} + \frac{\{n-f-(np)\}^2}{n(1-p)} = \left(\frac{20}{\sqrt{100}}\right)^2 = 4$$
であり，$k_0 > k_{0.05}$ となり仮説は棄却される．

問 5.2 (p.43)

帰無仮説を $H_0 : \mu = 122$ として，両側検定 (対立仮説 $H_1 : \mu \neq 122$) にて検定する．このとき，H_0 が採択される．

問 5.3 (p.44)

帰無仮説を $H_0 : \mu = 50$ として，右側検定 (対立仮説 $H_1 : \mu > 50$) にて検定する．このとき，H_0 は棄却される．

問 5.4 (p.44)

H_0 は棄却される．

問題 5.2 (p.45)

1. 帰無仮説を $H_0 : \mu = 3.10$ として，両側検定 (対立仮説 $H_1 : \mu \neq 3.10$) にて検定する．有意水準が $\alpha = 0.05$ のとき H_0 は採択されて，有意水準が $\alpha = 0.1$ のときは H_0 は棄却される．
2. 帰無仮説を $H_0 : \mu = 15.68$ として，右側検定 (対立仮説 $H_1 : \mu > 15.68$) にて検定する．このとき，H_0 は棄却される．
3. 帰無仮説を $H_0 : \mu = 15.68$ として，左側検定 (対立仮説 $H_1 : \mu < 15.68$) にて検定する．このとき，H_0 は棄却される．

問 5.5 (p.48)

帰無仮説を $H_0 : \mu = 8.40$ として，両側検定 (対立仮説 $H_1 : \mu \neq 8.40$) にて検定する．このとき，H_0 は採択される．

問 5.6 (p.49)

帰無仮説を $\mu = 90$ として，左側検定 (対立仮説 $H_1 : \mu < 90$) にて検定する．このとき，H_0 は棄却される．

問 5.7 (p.50)

H_0 は棄却される．

問題 5.3 (p.50)

1. 帰無仮説を $H_0 : \mu = 3.10$ として，両側検定 (対立仮説 $H_1 : \mu \neq 3.10$) にて検定する．有意水準が $\alpha = 0.05$ のとき，H_0 は棄却される．有意水準が $\alpha = 0.01$ のとき，H_0 は採択される．
2. 帰無仮説を $H_0 : \mu = 15.68$ として，右側検定 (対立仮説 $H_1 : \mu > 15.68$) にて検定する．このとき，H_0 は棄却される．
3. 帰無仮説を $H_0 : \mu = 15.68$ として，左側検定 (対立仮説 $H_1 : \mu < 15.68$) にて検定する．このとき，H_0 は棄却される．

問 5.8 (p.54)

帰無仮説を H_0：「3社の製造能力に差がない」として検定すると H_0 は棄却される．

問題 5.4 (p.54)

1. 帰無仮説を H_0：「血液型の割合が $4:3:2:1$ に従っている」として，適合度検定にて検定すると H_0 は採択される．
2. 帰無仮説を H_0：「事故の数が曜日に関係しない」として，適合度検定にて検定すると H_0 は棄却される．

正規分布表

$P(Z \leqq z_\alpha) = \alpha$

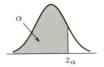

z_α	0.00	0.01	0.02	0.03	0.04	0.05	0.06	0.07	0.08	0.09
0.0	0.5000	0.5040	0.5080	0.5120	0.5160	0.5199	0.5239	0.5279	0.5319	0.5359
0.1	0.5398	0.5438	0.5478	0.5517	0.5557	0.5596	0.5636	0.5675	0.5714	0.5753
0.2	0.5793	0.5832	0.5871	0.5910	0.5948	0.5987	0.6026	0.6064	0.6103	0.6141
0.3	0.6179	0.6217	0.6255	0.6293	0.6331	0.6368	0.6406	0.6443	0.6480	0.6517
0.4	0.6554	0.6591	0.6628	0.6664	0.6700	0.6736	0.6772	0.6808	0.6844	0.6879
0.5	0.6915	0.6950	0.6985	0.7019	0.7054	0.7088	0.7123	0.7157	0.7190	0.7224
0.6	0.7257	0.7291	0.7324	0.7357	0.7389	0.7422	0.7454	0.7486	0.7517	0.7549
0.7	0.7580	0.7611	0.7642	0.7673	0.7704	0.7734	0.7764	0.7794	0.7823	0.7852
0.8	0.7881	0.7910	0.7939	0.7967	0.7995	0.8023	0.8051	0.8078	0.8106	0.8133
0.9	0.8159	0.8186	0.8212	0.8238	0.8264	0.8289	0.8315	0.8340	0.8365	0.8389
1.0	0.8413	0.8438	0.8461	0.8485	0.8508	0.8531	0.8554	0.8577	0.8599	0.8621
1.1	0.8643	0.8665	0.8686	0.8708	0.8729	0.8749	0.8770	0.8790	0.8810	0.8830
1.2	0.8849	0.8869	0.8888	0.8907	0.8925	0.8944	0.8962	0.8980	0.8997	0.9015
1.3	0.9032	0.9049	0.9066	0.9082	0.9099	0.9115	0.9131	0.9147	0.9162	0.9177
1.4	0.9192	0.9207	0.9222	0.9236	0.9251	0.9265	0.9279	0.9292	0.9306	0.9319
1.5	0.9332	0.9345	0.9357	0.9370	0.9382	0.9394	0.9406	0.9418	0.9429	0.9441
1.6	0.9452	0.9463	0.9474	0.9484	0.9495	0.9505	0.9515	0.9525	0.9535	0.9545
1.7	0.9554	0.9564	0.9573	0.9582	0.9591	0.9599	0.9608	0.9616	0.9625	0.9633
1.8	0.9641	0.9649	0.9656	0.9664	0.9671	0.9678	0.9686	0.9693	0.9699	0.9706
1.9	0.9713	0.9719	0.9726	0.9732	0.9738	0.9744	0.9750	0.9756	0.9761	0.9767
2.0	0.9772	0.9778	0.9783	0.9788	0.9793	0.9798	0.9803	0.9808	0.9812	0.9817
2.1	0.9821	0.9826	0.9830	0.9834	0.9838	0.9842	0.9846	0.9850	0.9854	0.9857
2.2	0.9861	0.9864	0.9868	0.9871	0.9875	0.9878	0.9881	0.9884	0.9887	0.9890
2.3	0.9893	0.9896	0.9898	0.9901	0.9904	0.9906	0.9909	0.9911	0.9913	0.9916
2.4	0.9918	0.9920	0.9922	0.9925	0.9927	0.9929	0.9931	0.9932	0.9934	0.9936
2.5	0.9938	0.9940	0.9941	0.9943	0.9945	0.9946	0.9948	0.9949	0.9951	0.9952
2.6	0.9953	0.9955	0.9956	0.9957	0.9959	0.9960	0.9961	0.9962	0.9963	0.9964
2.7	0.9965	0.9966	0.9967	0.9968	0.9969	0.9970	0.9971	0.9972	0.9973	0.9974
2.8	0.9974	0.9975	0.9976	0.9977	0.9977	0.9978	0.9979	0.9979	0.9980	0.9981
2.9	0.9981	0.9982	0.9982	0.9983	0.9984	0.9984	0.9985	0.9985	0.9986	0.9986
3.0	0.9987	0.9987	0.9987	0.9988	0.9988	0.9989	0.9989	0.9989	0.9990	0.9990
3.1	0.9990	0.9991	0.9991	0.9991	0.9992	0.9992	0.9992	0.9992	0.9993	0.9993
3.2	0.9993	0.9993	0.9994	0.9994	0.9994	0.9994	0.9994	0.9995	0.9995	0.9995
3.3	0.9995	0.9995	0.9995	0.9996	0.9996	0.9996	0.9996	0.9996	0.9996	0.9997
3.4	0.9997	0.9997	0.9997	0.9997	0.9997	0.9997	0.9997	0.9997	0.9997	0.9998
3.5	0.9998	0.9998	0.9998	0.9998	0.9998	0.9998	0.9998	0.9998	0.9998	0.9998

t-分布表

$P(T \geq t_\alpha) = \alpha$　　n：自由度，α：有意水準

n \ α	0.1	0.050	0.025	0.010	0.005
1	3.078	6.314	12.706	31.821	63.657
2	1.886	2.920	4.303	6.965	9.925
3	1.638	2.353	3.182	4.541	5.841
4	1.533	2.132	2.776	3.747	4.604
5	1.476	2.015	2.571	3.365	4.032
6	1.440	1.943	2.447	3.143	3.707
7	1.415	1.895	2.365	2.998	3.499
8	1.397	1.860	2.306	2.896	3.355
9	1.383	1.833	2.262	2.821	3.250
10	1.372	1.812	2.228	2.764	3.169
11	1.363	1.796	2.201	2.718	3.106
12	1.356	1.782	2.179	2.681	3.055
13	1.350	1.771	2.160	2.650	3.012
14	1.345	1.761	2.145	2.624	2.977
15	1.341	1.753	2.131	2.602	2.947
16	1.337	1.746	2.120	2.583	2.921
17	1.333	1.740	2.110	2.567	2.898
18	1.330	1.734	2.101	2.552	2.878
19	1.328	1.729	2.093	2.539	2.861
20	1.325	1.725	2.086	2.528	2.845
21	1.323	1.721	2.080	2.518	2.831
22	1.321	1.717	2.074	2.508	2.819
23	1.319	1.714	2.069	2.500	2.807
24	1.318	1.711	2.064	2.492	2.797
25	1.316	1.708	2.060	2.485	2.787
26	1.315	1.706	2.056	2.479	2.779
27	1.314	1.703	2.052	2.473	2.771
28	1.313	1.701	2.048	2.467	2.763
29	1.311	1.699	2.045	2.462	2.756
30	1.310	1.697	2.042	2.457	2.750
31	1.309	1.696	2.040	2.453	2.744
32	1.309	1.694	2.037	2.449	2.738
33	1.308	1.692	2.035	2.445	2.733
34	1.307	1.691	2.032	2.441	2.728
35	1.306	1.690	2.030	2.438	2.724
36	1.306	1.688	2.028	2.434	2.719
37	1.305	1.687	2.026	2.431	2.715
38	1.304	1.686	2.024	2.429	2.712
39	1.304	1.685	2.023	2.426	2.708
40	1.303	1.684	2.021	2.423	2.704
60	1.296	1.671	2.000	2.390	2.660
120	1.289	1.658	1.980	2.358	2.617
∞	1.282	1.645	1.960	2.326	2.576

χ^2-分布表

$P(K \geqq k_\alpha) = \alpha$ n: 自由度, α: 有意水準

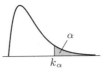

n \ α	0.995	0.99	0.975	0.95	0.05	0.025	0.01	0.005
1	0.00003927	0.00015709	0.0009821	0.003932	3.841	5.024	6.635	7.879
2	0.010025	0.020101	0.05064	0.10259	5.991	7.378	9.210	10.597
3	0.07172	0.11483	0.2158	0.3518	7.815	9.348	11.345	12.838
4	0.20699	0.29711	0.4844	0.7107	9.488	11.143	13.277	14.86
5	0.4117	0.5543	0.8312	1.1455	11.07	12.833	15.086	16.75
6	0.6757	0.8721	1.2373	1.6354	12.592	14.449	16.812	18.548
7	0.9893	1.239	1.6899	2.1673	14.067	16.013	18.475	20.278
8	1.3444	1.6465	2.1797	2.7326	15.507	17.535	20.09	21.955
9	1.7349	2.0879	2.7004	3.325	16.919	19.023	21.666	23.589
10	2.1559	2.5582	3.247	3.940	18.307	20.483	23.209	25.188
11	2.6032	3.0535	3.816	4.575	19.675	21.92	24.725	26.757
12	3.0738	3.571	4.404	5.226	21.026	23.337	26.217	28.300
13	3.565	4.107	5.009	5.892	22.362	24.736	27.688	29.819
14	4.075	4.660	5.629	6.571	23.685	26.119	29.141	31.319
15	4.601	5.229	6.262	7.261	24.996	27.488	30.578	32.800
16	5.142	5.812	6.908	7.962	26.296	28.845	32.00	34.27
17	5.697	6.408	7.564	8.672	27.587	30.191	33.41	35.72
18	6.265	7.015	8.231	9.390	28.869	31.526	34.81	37.16
19	6.844	7.633	8.907	10.117	30.144	32.85	36.19	38.58
20	7.434	8.260	9.591	10.851	31.41	34.17	37.57	40.00
21	8.034	8.897	10.283	11.591	32.67	35.48	38.93	41.40
22	8.643	9.542	10.982	12.338	33.92	36.78	40.29	42.80
23	9.260	10.196	11.689	13.091	35.17	38.08	41.64	44.18
24	9.886	10.856	12.401	13.848	36.42	39.36	42.98	45.56
25	10.520	11.524	13.120	14.611	37.65	40.65	44.31	46.93
26	11.160	12.198	13.844	15.379	38.89	41.92	45.64	48.29
27	11.808	12.879	14.573	16.151	40.11	43.19	46.96	49.64
28	12.461	13.565	15.308	16.928	41.34	44.46	48.28	50.99
29	13.121	14.256	16.047	17.708	42.56	45.72	49.59	52.34
30	13.787	14.953	16.791	18.493	43.77	46.98	50.89	53.67
31	14.458	15.655	17.539	19.281	44.99	48.23	52.19	55.00
32	15.134	16.362	18.291	20.072	46.19	49.48	53.49	56.33
33	15.815	17.074	19.047	20.867	47.40	50.73	54.78	57.65
34	16.501	17.789	19.806	21.664	48.60	51.97	56.06	58.96
35	17.192	18.509	20.569	22.465	49.80	53.20	57.34	60.27
36	17.887	19.233	21.336	23.269	51.00	54.44	58.62	61.58
37	18.586	19.960	22.106	24.075	52.19	55.67	59.89	62.88
38	19.289	20.691	22.878	24.884	53.38	56.9	61.16	64.18
39	19.996	21.426	23.654	25.695	54.57	58.12	62.43	65.48
40	20.707	22.164	24.433	26.509	55.76	59.34	63.69	66.77
50	27.991	29.707	32.36	34.76	67.50	71.42	76.15	79.49
60	35.53	37.48	40.48	43.19	79.08	83.30	88.38	91.95
70	43.28	45.44	48.76	51.74	90.53	95.02	100.43	104.21
80	51.17	53.54	57.15	60.39	101.88	106.63	112.33	116.32
90	59.20	61.75	65.65	69.13	113.15	118.14	124.12	128.30
100	67.33	70.06	74.22	77.93	124.34	129.56	135.81	140.17

参考文献

確率論,統計学に関しては,入門,専門に関して多くの良書が出版されている.本書を勉強する際,あるいはその後に勉強する本として参考になればと思い,一部を挙げる.

[I] 確率・統計の両方をバランスよく含む入門書としては,たとえば,下記を参考にするとよい.

[1] E. クライツィグ (近藤 次郎, 堀 素夫 監訳, 田栗 正章 訳) 『確率統計 (技術者のための高等数学 7)』培風館 (2004)

[2] 松本 裕行『確率・統計の基礎』学術図書出版社 (2014)

[3] 越 昭三『数理統計学概論』学術図書出版社 (1983)

[4] 尾畑 伸明 (照井 伸彦, 小谷 元子, 赤間 陽二, 花輪 公雄 編)『数理統計学の基礎 (クロスセクショナル統計シリーズ 1)』共立出版 (2014)

[II] 統計学の入門書,演習書として,下記の本を挙げておく.本書では触れることができなかった回帰分析,分散分析,多変量解析などについてはこれらを参考にするとよい.

[1] P. G. ホーエル (浅井 晃, 村上 正康 共訳)『入門数理統計学』培風館 (1978)

[2] 東京大学教養学部統計学教室 編『統計学入門 (基礎統計学 1)』東京大学出版会 (1991)

[3] 北川 敏男, 稲葉 三男『基礎数学 統計学通論 第 2 版』共立出版 (1979)

[4] 小西 貞則『多変量解析入門 ―線形から非線形へ―』岩波書店 (2010)

[5] 岡本 雅典, 鈴木 義一郎, 杉山 髙一, 兵頭 昌『新版 基本統計学』実教出版 (2012)

[III] 情報量基準による統計学についても良書が多数出版されている．下記を挙げる．

[1] 坂元 慶行, 石黒 真木夫, 北川 源四郎 (北川 敏男 編)『情報量統計学』共立出版 (1983)

[2] 赤池 弘次, 甘利 俊一, 北川 源四郎, 樺島 祥介, 下平 英寿 (室田 一雄, 土谷 隆 編)『赤池情報量規準 AIC ─ モデリング・予測・知識発見 ─』共立出版 (2007)

[3] 小西貞則, 北川源四郎『情報量規準 (シリーズ〈予測と発見の科学〉2)』朝倉書店 (2004)

[IV] 確率論を本格的に勉強する場合は，たとえば下記の本を参考にするとよい．

[1] 伊藤清『確率論 (岩波基礎数学選書)』岩波書店 (1991)

[2] 西尾真喜子『確率論』実教出版 (1978)

[3-1] W. フェラー (河田 龍夫 監訳, 卜部舜一 など 訳)『確率論とその応用 1 上』紀伊国屋書店 (1960)

[3-2] W. フェラー (河田 龍夫 監訳, 卜部舜一 など 訳)『確率論とその応用 1 下』紀伊国屋書店 (1961)

[3-3] W. フェラー (河田 龍夫 監訳, 羽鳥 裕久, 大平 坦 訳)『確率論とその応用 2 上』紀伊国屋書店 (1969)

[3-4] W. フェラー (河田 龍夫 監訳, 羽鳥 裕久, 大平 坦 訳)『確率論とその応用 2 下』紀伊国屋書店 (1970)

[V] 解析学についても多くの良書が出版されている．

[1] 高木貞治『解析概論』岩波書店 (1938)

索　引

■ あ 行
一様分布, 26

■ か 行
χ^2-分布, 40, 45, 51
確率, 6
確率関数, 10
確率空間, 6, 60
確率測度, 6, 60
確率の加法性, 6
確率の公理, 6
確率変数, 1, 2, 61
確率密度関数, 18, 20, 36
仮説検定, 39
加法族, 59
完全加法族, 59
Γ 関数, 45
幾何分布, 37
棄却域, 42, 47, 48, 52
危険率, 40, 41
規準化, 22
帰無仮説, 40, 41
空事象, 2
組み合わせ, 56
根元事象, 1, 2

■ さ 行
最小分散不偏推定量, 34
最頻値, 28
最尤推定値, 35
最尤推定量, 35
差事象, 2

σ-加法族, 59
試行, 1
事象, 2
指数分布, 25
実現値, 30
自由度, 40
順列, 56
推定量, 30
スターリングの公式, 61, 62
正規分布, 20
正規分布表, 23
積事象, 2
全事象, 2
測度, 60

■ た 行
対立仮説, 41
中央値, 28
中心極限定理, 29, 39, 67
t-分布, 46
統計的推測, 27
統計量, 30
独立, 8
度数, 27
ド・モアブル-ラプラスの定理, 65, 66
ド・モルガンの法則, 57

■ な 行
二項係数, 57
二項定理, 57

二項分布, 14

■ は 行
排反, 2
左側検定, 41, 48
標準化, 22
標準正規分布, 23
標準偏差, 12, 18
標本, 27
標本空間, 1, 2, 60
標本値, 29
標本点, 1, 2
標本標準偏差, 30
標本分散値, 30
標本分布, 30
標本平均値, 30
標本変量, 29
部分事象, 2
不偏推定値, 33
不偏推定量, 33, 45
　　最小分散—, 34
不偏分散, 34
不偏分散変量, 45
分散, 12, 18
分布関数, 23
平均, 12, 18
変量, 27
Poisson の法則, 63
Poisson 分布, 38
母集団, 27
母集団確率変数, 28

母集団の大きさ, 27
母集団分布, 28
母数, 29
母標準偏差, 29
母分散, 28, 29
母平均, 28, 29

■ ま 行
右側検定, 41, 47
無作為抽出, 29

無作為標本, 45, 50, 51
メジアン, 28
モード, 28

■ や 行
有意水準, 40, 41
有限加法族, 59
有限離散分布, 10
尤度関数, 35
余事象, 2

■ ら 行
ランダムサンプリング, 29
離散分布, 10
両側検定, 41, 47
連続分布, 18

■ わ 行
和事象, 2
ワリスの公式, 61

原　祐子　　名城大学理工学部
齊藤　公明　　名城大学理工学部
内村　佳典　　名城大学理工学部

工学系の基礎　確率・統計15週

2017年2月14日　第1版　第1刷　発行
2019年2月28日　第1版　第2刷　発行

著　者　　原　　祐　子
　　　　　齊　藤　公　明
　　　　　内　村　佳　典
発行者　　発　田　和　子
発行所　　株式会社　学術図書出版社

〒113-0033　東京都文京区本郷5丁目4の6
TEL 03-3811-0889　　振替 00110-4-28454
　　　　　　　　印刷　三美印刷(株)

定価は表紙に表示してあります．

本書の一部または全部を無断で複写(コピー)・複製・転載することは，著作権法でみとめられた場合を除き，著作者および出版社の権利の侵害となります．あらかじめ，小社に許諾を求めて下さい．

© 2017　Y. HARA　K.SAITÔ　Y. UCHIMURA
Printed in Japan
ISBN978-4-7806-0528-0　C3041

工学系の基礎
確率・統計15週
－別冊 解答－

原　祐　子
齊藤公明
内村佳典
共　著

学術図書出版社

問題解答

第1章

問 1.1 (p.4,5)

1) 0枚も枚数として考えることに注意する.
$$\Omega = \{\omega_{i_1 i_2 i_3} \mid i_1 = 0, 1, 2, 3, \ i_2 = 0, 1, 2, \ i_3 = 0, 1\}$$
$$= \{\omega_{000}, \omega_{001}, \omega_{010}, \omega_{011}, \omega_{020}, \omega_{021}, \omega_{100}, \omega_{101}, \omega_{110}, \omega_{111}, \omega_{120},$$
$$\omega_{121}, \omega_{200}, \omega_{201}, \omega_{210}, \omega_{211}, \omega_{220}, \omega_{221}, \omega_{300}, \omega_{301}, \omega_{310}, \omega_{311},$$
$$\omega_{320}, \omega_{321}\}.$$

2) $X(\omega_{i_1 i_2 i_3}) = i_1 + i_2 + i_3, \ \omega_{i_1 i_2 i_3} \in \Omega$.

3) $Y(\omega_{i_1 i_2 i_3}) = 10 i_1 + 50 i_2 + 100 i_3, \ \omega_{i_1 i_2 i_3} \in \Omega$.

4) $A = \{\omega_{001}, \omega_{010}, \omega_{011}, \omega_{020}, \omega_{021}, \omega_{100}, \omega_{101}, \omega_{110}, \omega_{111}, \omega_{120}, \omega_{200}, \omega_{201},$
$\omega_{210}, \omega_{300}\}$

$\because A = \{\omega_{i_1 i_2 i_3} \mid 1 \leqq X(\omega_{i_1 i_2 i_3}) \leqq 3\}$
$= \{\omega_{i_1 i_2 i_3} \mid 1 \leqq i_1 + i_2 + i_3 \leqq 3\}$
$= \{\omega_{001}, \omega_{010}, \omega_{011}, \omega_{020}, \omega_{021}, \omega_{100}, \omega_{101}, \omega_{110}, \omega_{111}, \omega_{120}, \omega_{200}, \omega_{201},$
$\omega_{210}, \omega_{300}\}.$

5) $B = \{\omega_{001}, \omega_{020}, \omega_{101}, \omega_{120}, \omega_{310}\}$

$\because B = \{\omega_{i_1 i_2 i_3} \mid 80 \leqq Y(\omega_{i_1 i_2 i_3}) \leqq 110\}$
$= \{\omega_{i_1 i_2 i_3} \mid 80 \leqq 10 i_1 + 50 i_2 + 100 i_3 \leqq 110\}$
$= \{\omega_{001}, \omega_{020}, \omega_{101}, \omega_{120}, \omega_{310}\}.$

6) 上記の 4) と 5) から,A^c と B^c はそれぞれ次のようになることがわかる.

$A^c = \{\omega_{000}, \omega_{121}, \omega_{211}, \omega_{220}, \omega_{221}, \omega_{301}, \omega_{310}, \omega_{311}, \omega_{320}, \omega_{321}\},$

$B^c = \{\omega_{000}, \omega_{010}, \omega_{011}, \omega_{021}, \omega_{100}, \omega_{110}, \omega_{111}, \omega_{121}, \omega_{200}, \omega_{201}, \omega_{210}, \omega_{211},$

$\omega_{220}, \omega_{221}, \omega_{300}, \omega_{301}, \omega_{311}, \omega_{320}, \omega_{321}\}.$

したがって，$A \cap B, A^c \cap B, A \cap B^c$ はそれぞれ次のようになる．

$A \cap B = \{\omega_{001}, \omega_{020}, \omega_{101}, \omega_{120}\}, \quad A^c \cap B = \{\omega_{310}\},$

$A \cap B^c = \{\omega_{010}, \omega_{011}, \omega_{021}, \omega_{100}, \omega_{110}, \omega_{111}, \omega_{200}, \omega_{201}, \omega_{210}, \omega_{300}\}.$

問題 1.1 (p.5)

1. 1) 「3つの事象のうち A のみが起こる」という事象を考えてみよう．この事象は $A \cap B^c \cap C^c$ と表せる．事象 B, C についても同様の事象を考えると，それぞれ $B \cap A^c \cap C^c, C \cap A^c \cap B^c$ と表せる．問題の事象は，これらのうちいずれかが起こる事象とみなせるから

$$(A \cap B^c \cap C^c) \cup (B \cap C^c \cap A^c) \cup (C \cap A^c \cap B^c)$$

と表せる．

2) 事象は A, B, C の3つだから，これらのうち「"2つのみ"または"3つすべて"が起こる」という事象を考えればよい．

- 2つのみが起こる事象：A, B の2つのみが起こる事象は $A \cap B \cap C^c$ と表せる．同様の事象を B, C と C, A の組について考えると，それぞれ $A^c \cap B \cap C$ と $A \cap B^c \cap C$ である．したがって，「3つ事象のうち2つのみが起こる」という事象は次のようになる．

$$(A \cap B \cap C^c) \cup (A^c \cap B \cap C) \cup (A \cap B^c \cap C).$$

- 3つすべてが起こる事象：$A \cap B \cap C$ である．

したがって，この問題の事象は次のように表せる．

$$(A \cap B \cap C^c) \cup (A^c \cap B \cap C) \cup (A \cap B^c \cap C) \cup (A \cap B \cap C).$$

3) 3つの事象のうちどれも起こらないから，$A^c \cap B^c \cap C^c$ である．

2. 準備として，二項定理を思い出そう．n が正の整数のとき
$$(a+b)^n = \sum_{k=0}^{n} {}_n\mathrm{C}_k a^{n-k} b^k = {}_n\mathrm{C}_0 a^{n-0} b^0 + {}_n\mathrm{C}_1 a^{n-1} b^1 + \cdots + {}_n\mathrm{C}_n a^0 b^n$$
であった．いま，Ω の k 個の根元事象からなる部分事象は，n 個の根元事象から k 個を選ぶ組み合わせの個数 ${}_n\mathrm{C}_k$ だけある．したがって，Ω の部分事象の個数は，
$$\sum_{k=0}^{n} {}_n\mathrm{C}_k = \sum_{k=0}^{n} {}_n\mathrm{C}_k \cdot 1^k \cdot 1^{n-k} = (1+1)^n = 2^n$$
である．

問 1.2 (p.8)

ド・モルガンの法則から，$A^c \cap B^c = (A \cup B)^c$ であることに注目する．したがって，(P5) と (P7) より次が成り立つ．
$$\begin{aligned}
P(A^c \cap B^c) &= P((A \cup B)^c) = 1 - P(A \cup B) \\
&= 1 - \{P(A) + P(B) - P(A \cap B)\} \\
&= 1 - P(A) - P(B) + P(A \cap B).
\end{aligned}$$
上記により，$P(A^c \cap B^c) = 1 - P(A) - P(B) + P(A \cap B)$ となることが示された．

問 1.3 (p.8)

事象に関する性質を使って，次のように示すことができる．
$$\begin{aligned}
&P(A \cup B \cup C) \\
&= P(A \cup (B \cup C)) \\
&= P(A) + P(B \cup C) - P(A \cap (B \cup C)) \\
&= P(A) + \{P(B) + P(C) - P(B \cap C)\} - P((A \cap B) \cup (A \cap C)) \\
&= P(A) + P(B) + P(C) - P(B \cap C) \\
&\quad - \{P(A \cap B) + P(A \cap C) - P((A \cap B) \cap (A \cap C))\}
\end{aligned}$$

4 問題解答

$$= P(A) + P(B) + P(C) - P(A \cap B) - P(B \cap C) - P(A \cap C)$$
$$+ P(A \cap B \cap C).$$

したがって，$P(A \cup B \cup C) = P(A) + P(B) + P(C) - P(A \cap B) - P(B \cap C) - P(A \cap C) + P(A \cap B \cap C)$ である．

問 1.4 (p.8)

事象 A と B が独立であるとは，$P(A \cap B) = P(A)P(B)$ が成り立つことであった．このとき，問 1.2 の関係を使えば

$$P(A^c \cap B^c) = 1 - P(A) - P(B) + P(A \cap B)$$
$$= 1 - P(A) - P(B) + P(A)P(B)$$
$$= \{1 - P(A)\} - P(B)\{1 - P(A)\} = \{1 - P(A)\}\{1 - P(B)\}$$

である．さらに，(P5) を使えば

$$P(A^c \cap B^c) = P(A^c)P(B^c).$$

を得る．上記の関係は，A^c と B^c が独立であることを意味する．よって，A と B が独立であれば A^c と B^c も独立となる．

問題 1.2 (p.9)

1 事象 A と B が独立であるから，$P(A \cap B) = P(A)P(B)$ である．また問 1.4 から，このとき A^c と B^c も独立であり $P(A^c \cap B^c) = P(A^c)P(B^c)$ となる．これらのことに注目すると次を得る．

$$P(A \cup B) = P(A) + P(B) - P(A \cap B) = P(A) + P(B) - P(A)P(B)$$
$$= p + q - pq,$$
$$P(A^c \cap B^c) = P(A^c)P(B^c) = \{1 - P(A)\}\{1 - P(B)\} = (1-p)(1-q).$$

2 1) 背理法に基づいて考える．「A と B が独立なら，A と B は排反である」とする．事象 A と B が独立であることと $P(A) > 0$, $P(B) > 0$ の条

件から次が成り立つ.
$$P(A \cap B) = P(A)P(B) > 0.$$
一方で，(P4) より A と B が排反ならば $P(A \cap B) = P(\phi) = 0$ である．ここで，$P(A \cap B) = P(A)P(B) > 0$ であることは，A と B が排反であることに矛盾することがわかる．よって，A と B は排反ではない．

2) 上と同様に，背理法に基づいて示す．「A と B が排反なら，A と B は独立である」とする．A と B が排反なら (P4) より $P(A \cap B) = P(\phi) = 0$ である．一方で，条件 $P(A) > 0, P(B) > 0$ から，A と B が独立であれば $P(A \cap B) = P(A)P(B) > 0$ となる．ここで，$P(A \cap B) = 0$ となることは A と B が独立であることに矛盾することがわかる．よって，A と B は独立ではない．

第 2 章

問 2.1 (p.13)

1) の証明: $E[c] = c \cdot 1 = c.$

3) の証明: 性質 1) と性質 2) を使って次のように示せる.

$$\begin{aligned} V[X] &= E[(X - E[X])^2] \\ &= E[X^2 - 2XE[X] + E[X]^2] \\ &= E[X^2] - E[2XE[X]] + E[E[X]^2] \\ &= E[X^2] - 2E[X]E[X] + E[X]^2 \\ &= E[X^2] - 2E[X]^2 + E[X]^2 \\ &= E[X^2] - E[X]^2. \end{aligned}$$

6) の証明: 性質 1), 2), 3), 5) を使って次のように示せる.

$$\begin{aligned} V[X+Y] &= E[\{(X+Y) - E[X+Y]\}^2] \\ &= E[(X+Y)^2 - 2(X+Y)E[X+Y] + E[X+Y]^2] \\ &= E[(X+Y)^2] - E[2(X+Y)E[X+Y]] + E[E[X+Y]^2] \\ &= E[X^2 + 2XY + Y^2] - 2E[X+Y]E[X+Y] + E[X+Y]^2 \\ &= E[X^2] + 2E[XY] + E[Y^2] - 2E[X+Y]^2 + E[X+Y]^2 \\ &= E[X^2] + 2E[XY] + E[Y^2] - (E[X+Y])^2 \\ &= E[X^2] + 2E[X]E[Y] + E[Y^2] - (E[X] + E[Y])^2 \\ &= E[X^2] + 2E[X]E[Y] + E[Y^2] \\ &\quad - (E[X]^2 + 2E[X]E[Y] + E[Y]^2) \\ &= (E[X^2] - E[X]^2) + (E[Y^2] - E[Y]^2) \\ &= V[X] + V[Y]. \end{aligned}$$

問 2.2 (p.14)

次の公式を思い出しておこう．

$$\sum_{k=1}^{n} k = \frac{n(n+1)}{2}, \quad \sum_{k=1}^{n} k^2 = \frac{1}{6}n(n+1)(2n+1), \quad \sum_{k=1}^{n} k^3 = \left\{\frac{n(n+1)}{2}\right\}^2.$$

カードに書いた数を j で表すと，任意の j に対して

$$P(X=j) = \frac{j}{\sum_{k=1}^{n} k} = \frac{j}{\frac{n(n+1)}{2}} = \frac{2j}{n(n+1)}$$

である．したがって，$E[X], V[X]$ を n で表すと

$$E[X] = \sum_{k=1}^{n} kP(X=k) = \sum_{k=1}^{n} k \cdot \frac{2k}{n(n+1)} = \frac{2}{n(n+1)} \sum_{k=1}^{n} k^2$$

$$= \frac{2}{n(n+1)} \cdot \frac{1}{6}n(n+1)(2n+1) = \frac{2n+1}{3},$$

$$E[X^2] = \sum_{k=1}^{n} k^2 P(X=k) = \sum_{k=1}^{n} k^2 \cdot \frac{2k}{n(n+1)} = \frac{2}{n(n+1)} \sum_{k=1}^{n} k^3$$

$$= \frac{2}{n(n+1)} \cdot \left\{\frac{n(n+1)}{2}\right\}^2 = \frac{n(n+1)}{2},$$

$$V[X] = E[X^2] - E[X]^2 = \frac{n(n+1)}{2} - \left(\frac{2n+1}{3}\right)^2$$

$$= \frac{n^2+n-2}{18} = \frac{(n+2)(n-1)}{18}$$

となる．

問 2.3 (p.14)

まず，$E[|X-Y|]$ の値を求める．任意の k, ℓ に対して，$P(X=k, Y=\ell) = \frac{1}{36}$ である．

$$E[|X-Y|] = \sum_{k=1}^{6} \sum_{\ell=1}^{6} |k-\ell| P(X=k, Y=\ell)$$

$$= \sum_{k=1}^{6} \sum_{\ell=1}^{6} |k-\ell| \cdot \frac{1}{36}$$

$$
\begin{aligned}
&= \frac{1}{36} \sum_{k=1}^{6} \sum_{\ell=1}^{6} |k-\ell| \\
&= \frac{1}{36} \sum_{k=1}^{6} \left(\sum_{\ell=1}^{k} |k-\ell| + \sum_{\ell=k+1}^{6} |k-\ell| \right) \\
&= \frac{1}{36} \sum_{k=1}^{6} \left\{ \sum_{\ell=1}^{k} (k-\ell) + \sum_{\ell=k+1}^{6} (\ell-k) \right\} \\
&= \frac{1}{36} \sum_{k=1}^{6} \left[\sum_{\ell=1}^{k} (k-\ell) + \left\{ \sum_{\ell=1}^{6} (\ell-k) - \sum_{\ell=1}^{k} (\ell-k) \right\} \right] \\
&= \frac{1}{36} \sum_{k=1}^{6} \left\{ \sum_{\ell=1}^{k} (k-\ell) + \sum_{\ell=1}^{6} (\ell-k) + \sum_{\ell=1}^{k} (k-\ell) \right\} \\
&= \frac{1}{36} \sum_{k=1}^{6} \left\{ 2 \sum_{\ell=1}^{k} (k-\ell) + \sum_{\ell=1}^{6} (\ell-k) \right\} \\
&= \frac{1}{36} \sum_{k=1}^{6} \left(2 \sum_{\ell=1}^{k} k - 2 \sum_{\ell=1}^{k} \ell + \sum_{\ell=1}^{6} \ell - \sum_{\ell=1}^{6} k \right) \\
&= \frac{1}{36} \sum_{k=1}^{6} \left\{ 2k^2 - 2 \cdot \frac{k(k+1)}{2} + \frac{6(6+1)}{2} - 6k \right\} \\
&= \frac{1}{36} \sum_{k=1}^{6} \left\{ 2k^2 - k(k+1) + 21 - 6k \right\} \\
&= \frac{1}{36} \sum_{k=1}^{6} \left(k^2 - 7k + 21 \right) \\
&= \frac{1}{36} \left(\sum_{k=1}^{6} k^2 - 7 \sum_{k=1}^{6} k + \sum_{k=1}^{6} 21 \right) \\
&= \frac{1}{36} \left\{ \frac{1}{6} \cdot 6(6+1)(2 \cdot 6+1) - 7 \cdot \frac{6(6+1)}{2} + 6 \cdot 21 \right\} \\
&= \frac{35}{18}.
\end{aligned}
$$

次に，$V[|X-Y|]$ を求める．そのために，$E[|X-Y|^2]$ の値を計算すると

$$\begin{aligned}
E[|X-Y|^2] &= \sum_{k=1}^{6}\sum_{\ell=1}^{6} |k-\ell|^2 P(X=k, Y=\ell) \\
&= \sum_{k=1}^{6}\sum_{\ell=1}^{6} (k-\ell)^2 \cdot \frac{1}{36} \\
&= \frac{1}{36}\sum_{k=1}^{6}\sum_{\ell=1}^{6} (k^2 - 2k\ell + \ell^2) \\
&= \frac{1}{36}\sum_{k=1}^{6}\left(\sum_{\ell=1}^{6} k^2 - \sum_{\ell=1}^{6} 2k\ell + \sum_{\ell=1}^{6} \ell^2\right) \\
&= \frac{1}{36}\sum_{k=1}^{6}\left\{6k^2 - 2k\sum_{\ell=1}^{6}\ell + \frac{1}{6}\cdot 6(6+1)(2\cdot 6+1)\right\} \\
&= \frac{1}{36}\sum_{k=1}^{6}\left\{6k^2 - 2k\frac{6(6+1)}{2} + 91\right\} \\
&= \frac{1}{36}\sum_{k=1}^{6}\left(6k^2 - 42k + 91\right) \\
&= \frac{1}{36}\left(6\sum_{k=1}^{6} k^2 - 42\sum_{k=1}^{6} k + \sum_{k=1}^{6} 91\right) \\
&= \frac{1}{36}\left\{6\cdot\frac{1}{6}\cdot 6(6+1)(2\cdot 6+1) - 42\cdot\frac{6(6+1)}{2} + 6\cdot 91\right\} \\
&= \frac{1}{36}(546 - 882 + 546) \\
&= \frac{35}{6}
\end{aligned}$$

である．したがって，

$$\begin{aligned}
V[|X-Y|] &= E[|X-Y|^2] - E[|X-Y|]^2 = \frac{35}{6} - \left(\frac{35}{18}\right)^2 \\
&= \frac{665}{324}
\end{aligned}$$

となる．

問 2.4 (p.16)

1) $E[X] = 10 \cdot \dfrac{2}{5} = 4$.

2) $V[X] = 10 \cdot \dfrac{2}{5} \cdot \left(1 - \dfrac{2}{5}\right) = 10 \cdot \dfrac{2}{5} \cdot \dfrac{3}{5} = \dfrac{12}{5}$.

3) 確率変数 X は二項分布 $B\left(10; \dfrac{2}{5}\right)$ に従うから,
$$P(X = k) = {}_{10}C_k \left(\dfrac{2}{5}\right)^k \left(\dfrac{3}{5}\right)^{10-k}$$
である．ここで，$k = 0, 1, \ldots, 9$ に対して，$P(X = k+1)$ と $P(X = k)$ の大小関係を考えるために次の計算をする．

$P(X = k+1) - P(X = k)$

$= {}_{10}C_{k+1} \left(\dfrac{2}{5}\right)^{k+1} \left(\dfrac{3}{5}\right)^{10-(k+1)} - {}_{10}C_k \left(\dfrac{2}{5}\right)^k \left(\dfrac{3}{5}\right)^{10-k}$

$= \dfrac{10!}{(k+1)!\{10-(k+1)\}!} \left(\dfrac{2}{5}\right)^{k+1} \left(\dfrac{3}{5}\right)^{10-(k+1)}$
$\quad - \dfrac{10!}{k!(10-k)!} \left(\dfrac{2}{5}\right)^k \left(\dfrac{3}{5}\right)^{10-k}$

$= \dfrac{10!}{(k+1)!\{10-(k+1)\}!} \cdot \dfrac{1}{5^{10}} \cdot 2^{k+1} \cdot 3^{10-(k+1)}$
$\quad - \dfrac{10!}{k!(10-k)!} \cdot \dfrac{1}{5^{10}} \cdot 2^k \cdot 3^{10-k}$

$= \dfrac{(10-k) \cdot 10!}{(k+1)!(10-k)!} \cdot \dfrac{1}{5^{10}} \cdot 2^k \cdot 2 \cdot 3^{10-k} \cdot 3^{-1}$
$\quad - \dfrac{(k+1) \cdot 10!}{(k+1)!(10-k)!} \cdot \dfrac{1}{5^{10}} \cdot 2^k \cdot 3^{10-k}$

$= \dfrac{2^k \cdot 3^{10-k} \cdot 10!}{5^{10} \cdot (k+1)!(10-k)!} \left\{ (10-k) \cdot \dfrac{2}{3} - (k+1) \right\}$

$= \dfrac{2^k \cdot 3^{10-k} \cdot 10!}{5^{10} \cdot (k+1)!(10-k)!} \left(\dfrac{20}{3} - \dfrac{2}{3}k - k - 1 \right)$

$= \dfrac{2^k \cdot 3^{10-k} \cdot 10!}{5^{10} \cdot (k+1)!(10-k)!} \left(\dfrac{17}{3} - \dfrac{5}{3}k \right).$

上記から，$\dfrac{17}{3} - \dfrac{5}{3}k$ の符号により $P(X = k+1) - P(X = k)$ の符号

がわかるため，$P(X=k+1) - P(X=k)$ が負になる k の範囲を調べてみる．
$$\frac{17}{3} - \frac{5}{3}k < 0 \iff 17 - 5k < 0 \iff -5k < -17 \quad \therefore k > \frac{17}{5}.$$
ここで，k は 0 から 9 までの整数に値をとったから，$k=4$ のとき初めて $P(X=k+1) - P(X=k)$ が負になる．つまり，$P(X=5) - P(X=4) < 0$ であり $P(X=5) < P(X=4)$ となる．また，$k=0,1,2,3$ のときは $P(X=k+1) - P(X=k) > 0$ となることもわかる．これらのことは，$k=0$ から $k=4$ までは $P(X=k)$ の値が単調に増加し，$k=4$ から $k=10$ までは $P(X=k)$ の値が単調に減少することを意味する．よって，$P(X=k)$ の値は $k=4$ のとき最大になる．

問題 2.1 (p.17)

1. $E[X+Y] = E[X] + E[Y] = 3 + (-2) = 1$.
   $E[2XY] = 2E[XY] = 2E[X]E[Y] = 2 \cdot 3 \cdot (-2) = -12$.
   $V[2X - 3Y + 1] = V[2X + (-3Y)] = V[2X] + V[-3Y]$
   $= 4V[X] + 9V[Y] = 4 \cdot 2 + 9 \cdot 1 = 17$.
   $E[X^2] = V[X] + E[X]^2 = 2 + 3^2 = 11$.

2. 1) $E[X] = 0 \cdot p + 1 \cdot (1-p) = 1 - p$,
   $$E\left[\frac{1}{X+1}\right] = \frac{1}{0+1} \cdot p + \frac{1}{1+1} \cdot (1-p) = \frac{1}{2}p + \frac{1}{2} = \frac{1}{2}(p+1).$$

   2) $E[X] = E\left[\dfrac{1}{X+1}\right]$ より，方程式 $1 - p = \dfrac{1}{2}(p+1)$ を解けばよい．よって，$p = \dfrac{1}{3}$ である．

   3) $E[X] = 1 - \dfrac{1}{3} = \dfrac{2}{3}$.

   4) $E[X^2] = 0^2 \cdot p + 1^2 \cdot (1-p) = 1 - p = 1 - \dfrac{1}{3} = \dfrac{2}{3}$.
   $V[X] = E[X^2] - E[X]^2 = \dfrac{2}{3} - \left(\dfrac{2}{3}\right)^2 = \dfrac{2}{9}$.

3. 例題 2.4 から, $E[X^2] = 5$, $E[Y^2] = \dfrac{28}{5}$, $E[XYZ] = 20$ である. また,

$$E[Z^2] = V[Z] + E[Z]^2 = 20 \cdot \frac{1}{4} \cdot \frac{3}{4} + \left(20 \cdot \frac{1}{4}\right)^2 = \frac{115}{4}$$

である. したがって,

$$\begin{aligned}V[XYZ] &= E[(XYZ)^2] - E[XYZ]^2 = E[X^2Y^2Z^2] - E[XYZ]^2 \\ &= E[X^2]E[Y^2]E[Z^2] - E[XYZ]^2 = 5 \cdot \frac{28}{5} \cdot \frac{115}{4} - 20^2 \\ &= 805 - 400 = 405\end{aligned}$$

となる.

問 2.5 (p.19)

- $1 = \displaystyle\int_{-\infty}^{\infty} p(x)\,dx = \int_0^1 cx\,dx = c\int_0^1 x\,dx = c\left[\dfrac{1}{2}x^2\right]_0^1 = \dfrac{c}{2}\left(1^2 - 0^2\right)$
  $= \dfrac{c}{2}$ だから, $c = 2$ である.

- $E[X] = \displaystyle\int_{-\infty}^{\infty} xp(x)\,dx = 2\int_0^1 x^2\,dx = 2\left[\dfrac{1}{3}x^3\right]_0^1 = \dfrac{2}{3}\left(1^3 - 0^3\right)$
  $= \dfrac{2}{3}$.

- $V[X] = E[X^2] - E[X]^2 = \displaystyle\int_{-\infty}^{\infty} x^2 p(x)\,dx - \left(\dfrac{2}{3}\right)^2$
  $= 2\displaystyle\int_0^1 x^3\,dx - \dfrac{4}{9} = 2\left[\dfrac{1}{4}x^4\right]_0^1 - \dfrac{4}{9}$
  $= \dfrac{1}{2}\left(1^4 - 0^4\right) - \dfrac{4}{9} = \dfrac{1}{18}$.

問 2.6 (p.21)

1) 任意の実数 a に対して, $p_{\mu,\sigma}(\mu - a) = p_{\mu,\sigma}(\mu + a)$ となることを示せばよい. このことは, $p_{\mu,\sigma}(\mu - a) - p_{\mu,\sigma}(\mu + a) = 0$ を示すことと同じことである. 計算すると

$$p_{\mu,\sigma}(\mu - a) - p_{\mu,\sigma}(\mu + a)$$

$$
\begin{aligned}
&= \frac{1}{\sqrt{2\pi\sigma^2}} \exp\left[-\frac{(\mu - a - \mu)^2}{2\sigma^2}\right] - \frac{1}{\sqrt{2\pi\sigma^2}} \exp\left[-\frac{(\mu + a - \mu)^2}{2\sigma^2}\right] \\
&= \frac{1}{\sqrt{2\pi\sigma^2}} \exp\left[-\frac{a^2}{2\sigma^2}\right] - \frac{1}{\sqrt{2\pi\sigma^2}} \exp\left[-\frac{a^2}{2\sigma^2}\right] \\
&= \frac{1}{\sqrt{2\pi\sigma^2}} \left(\exp\left[-\frac{a^2}{2\sigma^2}\right] - \exp\left[-\frac{a^2}{2\sigma^2}\right]\right) \\
&= 0
\end{aligned}
$$

だから，$y = p_{\mu,\sigma}(x)$ は $x = \mu$ について対称である．

2) y を $y = \dfrac{1}{\sqrt{2\pi\sigma^2}} \exp[t]$ と $t = -\dfrac{(x-\mu)^2}{2\sigma^2}$ の合成関数と考えて，合成関数の微分の公式を使うと

$$
\begin{aligned}
y' &= \frac{dy}{dx} = \frac{dy}{dt} \cdot \frac{dt}{dx} = \frac{1}{\sqrt{2\pi\sigma^2}} \exp[t] \cdot \left(-\frac{x-\mu}{\sigma^2}\right) \\
&= \frac{\mu - x}{\sqrt{2\pi}\sigma^3} \exp\left[-\frac{(x-\mu)^2}{2\sigma^2}\right]
\end{aligned}
$$

を得る．ここで，$\exp\left[-\dfrac{(x-\mu)^2}{2\sigma^2}\right]$ の部分は x がどのような値のときでも常に正の値をとるから，$y' = 0$ を満たすのは $x = \mu$ の場合だけである．また，y' の符号については，$\dfrac{\mu - x}{\sqrt{2\pi}\sigma^3}$ の部分に注目すると，$x < \mu$ のとき $y' > 0$ であり，$x > \mu$ のとき $y' < 0$ であることがわかる．よって，y は $x = \mu$ で極大値かつ最大値をもつ．

3) $y' = \dfrac{\mu - x}{\sigma^2} \cdot \dfrac{1}{\sqrt{2\pi\sigma^2}} \exp\left[-\dfrac{(x-\mu)^2}{2\sigma^2}\right] = \dfrac{\mu - x}{\sigma^2} \cdot y$ だから，これに積の微分の公式を使うと

$$
\begin{aligned}
y'' &= \left(\frac{\mu - x}{\sigma^2} \cdot y\right)' = \left(\frac{\mu - x}{\sigma^2}\right)' \cdot y + \frac{\mu - x}{\sigma^2} \cdot y' \\
&= \left(-\frac{1}{\sigma^2}\right) \cdot y + \frac{\mu - x}{\sigma^2} \cdot \frac{\mu - x}{\sigma^2} \cdot y \\
&= \left\{-\frac{1}{\sigma^2} + \frac{(\mu - x)^2}{\sigma^4}\right\} \cdot y \\
&= \frac{(\mu - x)^2 - \sigma^2}{\sigma^4} \cdot \frac{1}{\sqrt{2\pi\sigma^2}} \exp\left[-\frac{(x-\mu)^2}{2\sigma^2}\right]
\end{aligned}
$$

$$= \frac{(\mu-x)^2 - \sigma^2}{\sqrt{2\pi\sigma^5}} \exp\left[-\frac{(x-\mu)^2}{2\sigma^2}\right]$$

を得る．上記から，$x = \mu + \sigma$ のとき $y'' = 0$ となることがわかる．また，2) と同様に，$\exp\left[-\frac{(x-\mu)^2}{2\sigma^2}\right]$ の部分は常に正の値をとるから，$\frac{(\mu-x)^2 - \sigma^2}{\sqrt{2\pi\sigma^5}}$ の部分に注目して，$x = \mu + \sigma$ のまわりにおける y'' の符号を考える．このとき，$\frac{1}{\sqrt{2\pi\sigma^5}} > 0$ だから，$(\mu-x)^2 - \sigma^2$ の符号を考えれば簡単である．

- $x > \mu + \sigma$ のとき：ある実数 $a > 0$ により $x = \mu + \sigma + a$ と表せる．
$$(\mu-x)^2 - \sigma^2 = \{\mu - (\mu+\sigma+a)\}^2 - \sigma^2 = (-\sigma-a)^2 - \sigma^2$$
$$= (\sigma^2 + 2a\sigma + a^2) - \sigma^2 = 2a\sigma + a^2.$$
ここで，$a > 0, \sigma > 0$ より $x > \mu + \sigma$ のとき $y'' > 0$ となる．

- $x < \mu + \sigma$ のとき：ある実数 $a > 0$ により $x = \mu + \sigma - a$ と表せる．
$$(\mu-x)^2 - \sigma^2 = \{\mu - (\mu+\sigma-a)\}^2 - \sigma^2 = (-\sigma+a)^2 - \sigma^2$$
$$= (\sigma^2 - 2a\sigma + a^2) - \sigma^2 = -2a\sigma + a^2 = a(a - 2\sigma).$$
ここで，$a > 0, \sigma > 0$ より，$0 < a < 2\sigma$ のとき $(\mu-x)^2 - \sigma^2 < 0$ となることがわかる．つまり，$\mu - \sigma < x < \mu + \sigma$ のとき $y'' < 0$ となる．

上記により，y'' は $x = \mu + \sigma$ を境に符号が変わることがわかった．

x	$\cdots$	$\mu - \sigma < x < \mu + \sigma$	$\mu + \sigma$	$\mu + \sigma < x$	$\cdots$
y''	$\cdots$	$-$	0	$+$	$\cdots$

よって，y は $x = \mu + \sigma$ で変曲点をもつ．また，1) から y は $x = \mu$ について対称だから，$x = \mu - \sigma$ でも変曲点をもつことがわかる．したがって，y は $x = \mu \pm \sigma$ で変曲点をもつ．

問 2.7 (p.21)

$X \sim N(\mu, \sigma^2)$ は，任意の $\alpha < \beta$ に対して事象 $A = \{\omega \in \Omega \mid \alpha \leqq X(\omega) \leqq \beta\}$

の確率 $P(A)$ が

$$P(A) = \int_\alpha^\beta p_{\mu,\sigma}(x)\,dx = \int_\alpha^\beta \frac{1}{\sqrt{2\pi\sigma^2}} \exp\left[-\frac{(x-\mu)^2}{2\sigma^2}\right] dx$$

で与えられることを表していた．まず，aX の従う分布について考える．

- $a > 0$ のとき：

$$P(\alpha \leqq aX \leqq \beta) = P\left(\frac{\alpha}{a} \leqq X \leqq \frac{\beta}{a}\right) = \int_{\frac{\alpha}{a}}^{\frac{\beta}{a}} p_{\mu,\sigma}(x)\,dx$$

ここで，$x = \dfrac{t}{a}$ ($t = ax$) とおいて置換積分法を利用する．このとき，$\dfrac{dx}{dt} = \dfrac{1}{a}$ であり $dx = \dfrac{1}{a}dt$ である．また，$x = \dfrac{\alpha}{a}$ のとき $t = \alpha$ であり，$x = \dfrac{\beta}{a}$ のとき $t = \beta$ である．

x	$\dfrac{\alpha}{a}$	$\to$	$\dfrac{\beta}{a}$
t	α	$\to$	β

したがって，$P(\alpha \leqq aX \leqq \beta)$ は次のように表せる．

$$\begin{aligned}
P(\alpha \leqq aX \leqq \beta) &= \int_\alpha^\beta p_{\mu,\sigma}\left(\frac{t}{a}\right)\left(\frac{1}{a}dt\right) \\
&= \int_\alpha^\beta \frac{1}{\sqrt{2\pi\sigma^2}a} \exp\left[-\frac{(\frac{t}{a}-\mu)^2}{2\sigma^2}\right] dt \\
&= \int_\alpha^\beta \frac{1}{\sqrt{2\pi\sigma^2 a^2}} \exp\left[-\frac{\frac{1}{a^2}(t-a\mu)^2}{2\sigma^2}\right] dt \\
&= \int_\alpha^\beta \frac{1}{\sqrt{2\pi(a^2\sigma^2)}} \exp\left[-\frac{(t-a\mu)^2}{2(a^2\sigma^2)}\right] dt.
\end{aligned}$$

よって，$a > 0$ のとき $aX \sim N(a\mu, a^2\sigma^2)$ となることがわかる．

- $a < 0$ のとき：

$$P(\alpha \leqq aX \leqq \beta) = P\left(\frac{\beta}{a} \leqq X \leqq \frac{\alpha}{a}\right) = \int_{\frac{\beta}{a}}^{\frac{\alpha}{a}} p_{\mu,\sigma}(x)\,dx$$

$$= -\int_{\frac{\alpha}{a}}^{\frac{\beta}{a}} p_{\mu,\sigma}(x)\,dx.$$

ここで，$x = \dfrac{t}{a}$ $(t = ax)$ とおいて置換積分法を利用する．このとき，$\dfrac{dx}{dt} = \dfrac{1}{a}$ であり $dx = \dfrac{1}{a}dt$ である．また，$x = \dfrac{\alpha}{a}$ のとき $t = \alpha$ であり，$x = \dfrac{\beta}{a}$ のとき $t = \beta$ である．

x	$\dfrac{\alpha}{a}$	$\to$	$\dfrac{\beta}{a}$
t	α	$\to$	β

したがって，$P(\alpha \leqq aX \leqq \beta)$ は次のように表せる．

$$P(\alpha \leqq aX \leqq \beta) = -\int_{\alpha}^{\beta} p_{\mu,\sigma}(x)\left(\frac{1}{a}dt\right)$$

$$= -\int_{\alpha}^{\beta} \frac{1}{\sqrt{2\pi\sigma^2}a} \exp\left[-\frac{(\frac{t}{a} - \mu)^2}{2\sigma^2}\right] dt$$

$$= \int_{\alpha}^{\beta} \frac{1}{\sqrt{2\pi\sigma^2} \cdot (-a)} \exp\left[-\frac{\frac{1}{a^2}(t - a\mu)^2}{2\sigma^2}\right] dt$$

$$= \int_{\alpha}^{\beta} \frac{1}{\sqrt{2\pi\sigma^2(-a)^2}} \exp\left[-\frac{\frac{1}{a^2}(t - a\mu)^2}{2\sigma^2}\right] dt$$

$$= \int_{\alpha}^{\beta} \frac{1}{\sqrt{2\pi(a^2\sigma^2)}} \exp\left[-\frac{(t - a\mu)^2}{2(a^2\sigma^2)}\right] dt.$$

よって，$a > 0$ のとき $aX \sim N(a\mu, a^2\sigma^2)$ となることがわかる．
上記により，$a \neq 0$ のとき $aX \sim N(a\mu, a^2\sigma^2)$ となる．

次に，$X + b$ の従う分布を考える．

$$P(\alpha \leqq X + b \leqq \beta) = P(\alpha - b \leqq X \leqq \beta - b) = \int_{\alpha-b}^{\beta-b} p_{\mu,\sigma}(x)\,dx.$$

ここで，$x = t - b$ $(t = x + b)$ とおいて置換積分法を利用する．このとき，$\dfrac{dx}{dt} = 1$ であり $dx = dt$ である．また，$x = \alpha - b$ のとき $t = \alpha$ であり，$x = \beta - b$ のとき $t = \beta$ である．

x	$\alpha - b$	$\to$	$\beta - b$
t	α	$\to$	β

したがって，$P(\alpha \leqq X + b \leqq \beta)$ は次のように表せる．

$$\begin{aligned} P(\alpha \leqq X + b \leqq \beta) &= \int_{\alpha}^{\beta} p_{\mu,\sigma}(t - b)\, dt \\ &= \int_{\alpha}^{\beta} \frac{1}{\sqrt{2\pi\sigma^2}} \exp\left[-\frac{(t - b - \mu)^2}{2\sigma^2}\right] dt \\ &= \int_{\alpha}^{\beta} \frac{1}{\sqrt{2\pi\sigma^2}} \exp\left[-\frac{\{t - (\mu + b)\}^2}{2\sigma^2}\right] dt. \end{aligned}$$

よって，$X + b \sim N(\mu + b, \sigma^2)$ となる．

問題 2.2 (p.22)

1. (1) $1 = \int_{-\infty}^{\infty} p(x)\, dx = \int_{0}^{1} cx^2\, dx = c\left[\frac{1}{3}x^3\right]_0^1 = \frac{c}{3}(1^3 - 0^3) = \frac{c}{3}$ より，$c = 3$ である．

   (2) $E[X] = \int_{-\infty}^{\infty} xp(x)\, dx = 3\int_{0}^{1} x^3\, dx = 3\left[\frac{1}{4}x^4\right]_0^1 = \frac{3}{4}(1^4 - 0^4) = \frac{3}{4}$.

   (3) $V[X] = E[X^2] - E[X]^2 = \int_{-\infty}^{\infty} x^2 p(x)\, dx - \left(\frac{3}{4}\right)^2$
   $= 3\int_{0}^{1} x^4\, dx - \frac{9}{16} = 3\left[\frac{1}{5}x^5\right]_0^1 - \frac{9}{16}$
   $= \frac{3}{5}(1^5 - 0^5) - \frac{9}{16} = \frac{3}{80}$.

   (4) $P(X \leqq a) = \int_{0}^{a} 3x^2\, dx = \left[x^3\right]_0^a = a^3$ である．したがって，求めるのは $a^3 = 0.5$ となる a だから，$a = \sqrt[3]{0.5}$ である．

2. - $\exp\left[-\frac{(x - \mu)^2}{2\sigma^2}\right]$ は x がどのような値のときでも常に正の値をとる．また，$\frac{1}{\sqrt{2\pi\sigma^2}} > 0$ だから，すべての x について $p_{\mu,\sigma}(x) \geqq 0$ となる．

- 微分積分の講義で学ぶ積分 $\int_0^\infty e^{-x^2} dx = \dfrac{\sqrt{\pi}}{2}$ を思い出そう．いま，e^{-x^2} について $t = -x$ とおくと，$\dfrac{dt}{dx} = -1$ であるから $dx = -dt$ として，置換積分法を利用すると以下を得る．

x	0	$\to$	a
t	0	$\to$	$-a$

$$\int_{-\infty}^{0} e^{-x^2} dx = \lim_{a \to -\infty} \int_{a}^{0} e^{-x^2} dx = \lim_{a \to -\infty} - \int_{0}^{a} e^{-x^2} dx$$
$$= \lim_{a \to -\infty} - \int_{0}^{-a} e^{-t^2} (-dt) = \lim_{a \to \infty} \int_{0}^{a} e^{-t^2} dt$$
$$= \int_{0}^{\infty} e^{-t^2} dt = \frac{\sqrt{\pi}}{2}.$$

したがって，次が成り立つ．
$$\int_{-\infty}^{\infty} \exp[-x^2] dx = \int_{-\infty}^{\infty} e^{-x^2} dx = \int_{-\infty}^{0} e^{-x^2} dx + \int_{0}^{\infty} e^{-x^2} dx$$
$$= \frac{\sqrt{\pi}}{2} + \frac{\sqrt{\pi}}{2} = \sqrt{\pi}.$$

上記の関係に注目して次の積分を考える．
$$\int_{-\infty}^{\infty} p_{\mu,\sigma}(x) \, dx = \int_{-\infty}^{\infty} \frac{1}{\sqrt{2\pi\sigma^2}} \exp\left[-\frac{(x-\mu)^2}{2\sigma^2}\right] dx.$$

ここで，$u = \dfrac{x - \mu}{\sqrt{2}\sigma}$ おいて置換積分法を用いる．このとき，$\dfrac{du}{dx} = \dfrac{1}{\sqrt{2}\sigma}$ だから $dx = \sqrt{2}\sigma \, du$ とする．また，$x = a$ のとき $u = \dfrac{a - \mu}{\sqrt{2}\sigma}$ であり，$x = b$ のとき $\dfrac{b - \mu}{\sqrt{2}\sigma}$ である．

$$\int_{-\infty}^{\infty} p_{\mu,\sigma}(x) \, dx = \lim_{a \to -\infty, b \to \infty} \int_{a}^{b} \frac{1}{\sqrt{2\pi\sigma^2}} \exp\left[-\frac{(x-\mu)^2}{2\sigma^2}\right] dx$$
$$= \lim_{a \to -\infty, b \to \infty} \frac{1}{\sqrt{2\pi\sigma^2}} \int_{\frac{a-\mu}{\sqrt{2}\sigma}}^{\frac{b-\mu}{\sqrt{2}\sigma}} \exp[-u^2] \, (\sqrt{2}\sigma \, du)$$

$$= \frac{1}{\sqrt{\pi}} \int_{-\infty}^{\infty} \exp\left[-u^2\right] du = \frac{1}{\sqrt{\pi}} \cdot \sqrt{\pi} = 1.$$

上記の 2 つの条件を満たすから，$p_{\mu,\sigma}(x)$ は確率密度関数である．

3. まず，$E[e^{tX}]$ について考える．

$$E[e^{tX}] = \int_{-\infty}^{\infty} e^{tx} p_{\mu,\sigma}(x)\, dx = \int_{-\infty}^{\infty} \frac{1}{\sqrt{2\pi}\sigma} \exp\left[tx - \frac{(x-\mu)^2}{2\sigma^2}\right] dx$$

ここで，

$$\begin{aligned}
tx - \frac{(x-\mu)^2}{2\sigma^2} &= \frac{2\sigma^2 tx}{2\sigma^2} - \frac{(x-\mu)^2}{2\sigma^2} = \frac{2\sigma^2 tx - x^2 + 2x\mu - \mu^2}{2\sigma^2} \\
&= \frac{-x^2 + 2(\sigma^2 t + \mu)x - \mu^2}{2\sigma^2} \\
&= \frac{-\{x^2 - 2(\sigma^2 t + \mu)x + (\sigma^2 t + \mu)^2\} + (\sigma^2 t + \mu)^2 - \mu^2}{2\sigma^2} \\
&= \frac{-\{x - (\sigma^2 t + \mu)\}^2 + t^2\sigma^4 + 2\mu\sigma^2 t}{2\sigma^2} \\
&= -\frac{\{x - (\sigma^2 t + \mu)\}^2}{2\sigma^2} + \frac{t^2\sigma^2}{2} + \mu t
\end{aligned}$$

である．したがって，$E[e^{tX}]$ は

$$\begin{aligned}
E[e^{tX}] &= \int_{-\infty}^{\infty} \frac{1}{\sqrt{2\pi}\sigma} \exp\left[-\frac{\{x - (\sigma^2 t + \mu)\}^2}{2\sigma^2} + \frac{t^2\sigma^2}{2} + \mu t\right] dx \\
&= \exp\left[\frac{t^2\sigma^2}{2} + \mu t\right] \int_{-\infty}^{\infty} \frac{1}{\sqrt{2\pi}\sigma} \exp\left[-\frac{\{x - (\sigma^2 t + \mu)\}^2}{2\sigma^2}\right] dx
\end{aligned}$$

と表せる．この被積分関数 $\dfrac{1}{\sqrt{2\pi}\sigma} \exp\left[-\dfrac{\{x - (\sigma^2 t + \mu)\}^2}{2\sigma^2}\right]$ は $N(\sigma^2 t + \mu, \sigma^2)$ の確率密度関数だから，

$$E[e^{tX}] = e^{\frac{t^2\sigma^2}{2} + \mu t}$$

である．

次に，$\mu = 0, \sigma = 1$ のときの $E[X^n]$ について考える．

$$\begin{aligned}
E[X^n] &= \int_{-\infty}^{\infty} x^n p_{0,1}(x)\, dx \\
&= \int_{-\infty}^{\infty} x^n \frac{1}{\sqrt{2\pi}} \exp\left[-\frac{x^2}{2}\right] dx
\end{aligned}$$

$$= -\frac{1}{\sqrt{2\pi}} \int_{-\infty}^{\infty} x^{n-1} \left(-x \exp\left[-\frac{x^2}{2}\right] \right) dx$$

$$= -\frac{1}{\sqrt{2\pi}} \int_{-\infty}^{\infty} x^{n-1} \left(\exp\left[-\frac{x^2}{2}\right] \right)' dx$$

$$= -\frac{1}{\sqrt{2\pi}} \left\{ \left[x^{n-1} \exp\left[-\frac{x^2}{2}\right] \right]_{-\infty}^{\infty} \right.$$
$$\left. - (n-1) \int_{-\infty}^{\infty} x^{n-2} \exp\left[-\frac{x^2}{2}\right] dx \right\}$$

$$= (n-1) \int_{-\infty}^{\infty} x^{n-2} \frac{1}{\sqrt{2\pi}} \exp\left[-\frac{x^2}{2}\right] dx$$

$$= (n-1) \int_{-\infty}^{\infty} x^{n-2} p_{0,1}(x)\, dx$$

$$= (n-1) E[X^{n-2}].$$

ここで, n が偶数と奇数の場合に分けて考えるために, $n = 2m, 2m-1, m \in \mathbb{N}$ とおくと,

$$E[X^{2m}] = (2m-1)E[X^{2m-2}] = \cdots = (2m-1) \cdot (2m-3) \cdots 3 \cdot E[X^2],$$
$$= (2m-1) \cdot (2m-3) \cdots 3 \cdot 1$$
$$E[X^{2m-1}] = (2m-2)E[X^{2m-3}] = \cdots = (2m-2) \cdot (2m-4) \cdots 2 \cdot E[X]$$
$$= (2m-2) \cdot (2m-4) \cdots 2 \cdot 0 = 0$$

となる. したがって,

$$E[X^n] = \begin{cases} (n-1) \cdot (n-3) \cdots 3 \cdot 1 & (n \text{ が偶数}) \\ 0 & (n \text{ が奇数}) \end{cases}$$

である.

問 2.8 (p.22)

$$E[Z] = E\left[\frac{X - E[X]}{\sqrt{V[X]}} \right] = \frac{1}{\sqrt{V[X]}} E\left[X - E[X] \right]$$

$$= \frac{1}{\sqrt{V[X]}}(E[X] - E[X]) = 0,$$
$$V[Z] = V\left[\frac{X - E[X]}{\sqrt{V[X]}}\right] = \left(\frac{1}{\sqrt{V[X]}}\right)^2 V[X - E[X]] = \frac{1}{V[X]} \cdot V[X] = 1.$$

問 2.9 (p.25)

$Z = \dfrac{X - 1}{2}$ とおけば, $Z \sim N(0,1)$ である.

1) $P(X \geqq 3) = P\left(Z \geqq \dfrac{3-1}{2}\right) = P(Z \geqq 1) = 1 - P(Z < 1)$
$= 1 - 0.8413 = 0.1587.$

2) $P(X \leqq 0) = P\left(Z \leqq \dfrac{0-1}{2}\right) = P(Z \leqq -0.5) = P(Z \geqq 0.5)$
$= 1 - P(Z < 0.5) = 1 - 0.6915 = 0.3085.$

3) $P(-2 \leqq X \leqq 4) = P\left(\dfrac{-2-1}{2} \leqq Z \leqq \dfrac{4-1}{2}\right) = P(-1.5 \leqq Z \leqq 1.5)$
$= 2\{P(Z \leqq 1.5) - P(Z < 0)\} = 2(0.9332 - 0.5000) = 2 \cdot 0.4332 = 0.8664.$

4) $P(X^2 \leqq 9) = P(-3 \leqq X \leqq 3) = P\left(\dfrac{-3-1}{2} \leqq Z \leqq \dfrac{3-1}{2}\right)$
$= P(-2 \leqq Z \leqq 1) = P(Z \leqq 1) - P(Z < -2) = P(Z \leqq 1) - P(Z > 2)$
$= P(Z \leqq 1) - \{1 - P(Z \leqq 2)\} = 0.8413 - (1 - 0.9772) = 0.8413 - 0.0228 = 0.8185.$

5) $P(X^2 \geqq 4) = P(X \leqq -2) + P(X \geqq 2) = P\left(Z \leqq \dfrac{-2-1}{2}\right)$
$+ P\left(Z \geqq \dfrac{2-1}{2}\right) = P(Z \leqq -1.5) + P(Z \geqq 0.5) = P(Z \geqq 1.5) + P(Z \geqq 0.5) = \{1 - P(Z < 1.5)\} + \{1 - P(Z < 0.5)\} = (1 - 0.9332) + (1 - 0.6915) = 0.3753.$

問 2.10 (p.25)

$Z = \dfrac{X - 1}{2}$ とおけば, $Z \sim N(0,1)$ である.

1) $P(X \leqq x) = P\left(Z \leqq \dfrac{x-1}{2}\right)$ だから，正規分布表から $\dfrac{x-1}{2} = 0$ のとき $P\left(Z \leqq \dfrac{x-1}{2}\right) = 0.5$ となることがわかる．したがって，$x = 1$ である．

2) $P(y \leqq X \leqq 2) = P\left(\dfrac{y-1}{2} \leqq Z \leqq \dfrac{2-1}{2}\right) = P\left(Z \leqq \dfrac{2-1}{2}\right)$
$- P\left(Z < \dfrac{y-1}{2}\right) = P(Z \leqq 0.5) - P\left(Z < \dfrac{y-1}{2}\right) = 0.6915$
$- P\left(Z < \dfrac{y-1}{2}\right)$ である．したがって，問題の条件は 0.6915
$- P\left(Z < \dfrac{y-1}{2}\right) = 0.4$ と表せるから，$P\left(Z < \dfrac{y-1}{2}\right) = 0.6915 - 0.4$
$= 0.2915$ となる y を求めればよい．ここで，
$$P\left(Z \geqq \dfrac{y-1}{2}\right) = 1 - 0.2915 = 0.7085 = P\left(Z \leqq -\dfrac{y-1}{2}\right)$$
であり，この値に最も近い値を正規分布表で探せば次を得る．
$$-\dfrac{y-1}{2} = 0.55 \qquad \therefore y = -0.1.$$

3) 正規分布表から $P(X \leqq a) = P\left(Z \leqq \dfrac{a-1}{2}\right) \geqq 0.7$ となる最小の a を探す．このとき，少なくとも $\dfrac{a-1}{2} \geqq 0.53$ ならば，$P\left(Z \leqq \dfrac{a-1}{2}\right) \geqq 0.7$ となることがわかる．つまり，$a \geqq 0.53 \cdot 2 + 1 = 2.06$ が求める条件である．

問題 2.3 (p.25,26)

1. (1)

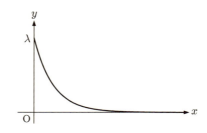

(2) X の分布関数 $F(x)$ は $F(x) = 1 - e^{-\lambda x}$ である.
$$\because F(x) = P(X \leq x) = \int_0^x \lambda e^{-\lambda t}\,dt = \lambda \int_0^x e^{-\lambda t}\,dt$$
$$= \lambda \left[-\frac{1}{\lambda} e^{-\lambda t} \right]_0^x = -\left[e^{-\lambda t} \right]_0^x = -\left(e^{-\lambda x} - e^0 \right) = 1 - e^{-\lambda x}.$$

したがって，分布関数のグラフは以下のようになる.

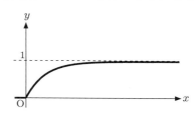

(3) まず，平均 $E[X]$ を求める．$f(x) = x$, $g'(x) = \lambda e^{-\lambda x}$ とおくと $f'(x) = 1$, $g(x) = -e^{-\lambda x}$ である．ここで，部分積分の公式
$$\int_a^b f(x)g'(x)\,dx = [f(x)g(x)]_a^b - \int_a^b f'(x)g(x)\,dx$$
を使うと次のようになる.
$$E[X] = \int_0^\infty x\lambda e^{-\lambda x}\,dx = \left[x \cdot \left(-e^{-\lambda x}\right) \right]_0^\infty - \int_0^\infty 1 \cdot \left(-e^{-\lambda x}\right)\,dx$$
$$= \left[-xe^{-\lambda x} \right]_0^\infty + \int_0^\infty e^{-\lambda x}\,dx = 0 + \left[-\frac{1}{\lambda} e^{-\lambda x} \right]_0^\infty$$
$$= -\frac{1}{\lambda} \left[e^{-\lambda x} \right]_0^\infty = -\frac{1}{\lambda}(0 - 1) = \frac{1}{\lambda}.$$

ここで，$\lim_{x \to \infty}(-xe^{-\lambda x})$ は，ロピタルの定理より次のようになることがわかる.
$$\lim_{x \to \infty}(-xe^{-\lambda x}) = -\lim_{x \to \infty} \frac{x}{e^{\lambda x}} = -\lim_{x \to \infty} \frac{(x)'}{(e^{\lambda x})'} = -\lim_{x \to \infty} \frac{1}{\lambda e^{\lambda x}}$$
$$= -\frac{1}{\lambda} \cdot 0 = 0$$

次に，分散 $V[X]$ を求める．そのために，$E[X^2]$ を求めると
$$E[X^2] = \int_0^\infty x^2 \lambda e^{-\lambda x}\,dx = \left[-x^2 e^{-\lambda x} \right]_0^\infty + \int_0^\infty 2xe^{-\lambda x}\,dx$$

$$= \left[-x^2 e^{-\lambda x}\right]_0^\infty + \frac{2}{\lambda} \int_0^\infty x\lambda e^{-\lambda x}\, dx = 0 + \frac{2}{\lambda} \cdot \frac{1}{\lambda} = \frac{2}{\lambda^2}$$

であるから,

$$V[X] = E[X^2] - E[X]^2 = \frac{2}{\lambda} - \left(\frac{1}{\lambda}\right)^2 = \frac{1}{\lambda^2}$$

である.

2. (1)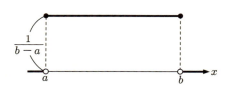

(2) X の分布関数を $F(x)$ で表す. $x < a$ のとき, $F(x) = P(X \leqq x) = 0$ となることは明らか. また, $a \leqq x \leqq b$ のとき $F(x)$ は次のように表せる.

$$F(x) = P(X \leqq x) = \int_a^x \frac{1}{b-a}\, dt = \frac{1}{b-a}[t]_a^x = \frac{x-a}{b-a}.$$

ここで, $x > b$ のとき $F(x) = 1$ である.

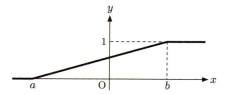

(3) まず, 平均 $E[X]$ を求める.

$$E[X] = \int_a^b x \cdot \frac{1}{b-a}\, dx = \frac{1}{b-a}\int_a^b x\, dx = \frac{1}{b-a}\left[\frac{1}{2}x^2\right]_a^b$$
$$= \frac{1}{b-a} \cdot \frac{1}{2}\left[x^2\right]_a^b = \frac{1}{2} \cdot \frac{b^2-a^2}{b-a} = \frac{1}{2} \cdot \frac{(b-a)(b+a)}{b-a}$$
$$= \frac{1}{2}(a+b).$$

次に，分散 $V[X]$ を求める．そのために，$E[X^2]$ を求めると

$$E[X^2] = \int_a^b x^2 \cdot \frac{1}{b-a} \, dx = \frac{1}{b-a} \int_a^b x^2 \, dx = \frac{1}{b-a} \left[\frac{1}{3} x^3 \right]_a^b$$

$$= \frac{1}{b-a} \cdot \frac{1}{3} \left[x^3 \right]_a^b = \frac{1}{3} \cdot \frac{b^3 - a^3}{b-a}$$

$$= \frac{1}{3} \cdot \frac{(b-a)(b^2 + ab + a^2)}{b-a} = \frac{1}{3}(a^2 + ab + b^2)$$

であるから，

$$V[X] = E[X^2] - E[X]^2 = \frac{1}{3}(a^2 + ab + b^2) - \left\{ \frac{1}{2}(a+b) \right\}^2$$

$$= \frac{1}{3}(a^2 + ab + b^2) - \frac{1}{4}(a^2 + 2ab + b^2) = \frac{1}{12}(a-b)^2$$

となる．

3. $Z = \dfrac{X - \mu}{\sigma}$ とおけば，$Z \sim N(0, 1)$ である．

$$P(|X - \mu| \leqq \sigma) = P(-\sigma \leqq X - \mu \leqq \sigma) = P\left(-1 \leqq \frac{X - \mu}{\sigma} \leqq 1 \right)$$

$$= P(-1 \leqq Z \leqq 1) = 2P(0 \leqq Z \leqq 1)$$

$$= 2 \cdot \{ P(Z \leqq 1) - P(Z < 0) \} = 2 \cdot (0.8413 - 0.5000)$$

$$= 0.6826.$$

$$P(|X - \mu| \leqq 2\sigma) = P(-2\sigma \leqq X - \mu \leqq 2\sigma) = P\left(-2 \leqq \frac{X - \mu}{\sigma} \leqq 2 \right)$$

$$= P(-2 \leqq Z \leqq 2) = 2P(0 \leqq Z \leqq 2)$$

$$= 2 \cdot \{ P(Z \leqq 2) - P(Z < 0) \} = 2 \cdot (0.9772 - 0.5000)$$

$$= 2 \cdot 0.4772 = 0.9544.$$

$$P(|X - \mu| \leqq 3\sigma) = P(-3\sigma \leqq X - \mu \leqq 3\sigma) = P\left(-3 \leqq \frac{X - \mu}{\sigma} \leqq 3 \right)$$

$$= P(-3 \leqq Z \leqq 3) = 2P(0 \leqq Z \leqq 3)$$

$$= 2 \cdot \{ P(Z \leqq 3) - P(Z < 0) \} = 2 \cdot (0.9987 - 0.5000)$$

$$= 2 \cdot 0.4987 = 0.9974.$$

第3章

問 3.1 (p.29)

テストの点数を X で表す.

X	0	1	2	3	4	5	
度数	1	2	4	5	5	3	20
累積度数	1	3	7	12	17	20	20

最も大きい度数は5で,そのときの X の値は3と4である.また,標本数は20であるから,中心は10と11であり,10番目と11番目の学生の点数は両方とも3点である.よって,モードは 3, 4 であり,メジアンは $\dfrac{3+3}{2} = 3$ である.

問題 3.1 (p.29, 30)

1. $\displaystyle\sum_{k=1}^{r}(x_k - E[X])f_k = \sum_{k=1}^{r} x_k f_k - E[X]\sum_{k=1}^{r} f_k = NE[X] - E[X]\cdot N = 0.$

問 3.2 (p.31)

試験の点数を X で表す.

X	0	1	2	3	4	5	
f_k	1	2	4	5	5	3	20
$x_k f_k$	0	2	8	15	20	15	60
$x_k{}^2$	0	1	4	9	16	25	
$x_k{}^2 f_k$	0	2	16	45	80	75	218

標本平均値: $\overline{x} = \dfrac{1}{20}\displaystyle\sum_{k=1}^{20} x_k = \dfrac{60}{20} = 3.$

標本分散値: $s(x)^2 = \dfrac{1}{20}\displaystyle\sum_{k=1}^{20}(x_k - \overline{x})^2 = \dfrac{218}{20} - 9 = 1.9.$

標本標準偏差値: $s(x) = \sqrt{s(x)^2} = \sqrt{1.9}.$

問 3.3 (p.31)

1) 統計量である   2) 統計量である   3) 統計量ではない   4) 統計量ではない

問 3.4 (p.32)

$E[\overline{X}] = 3$, $V[\overline{X}] = \dfrac{1.9}{20} = 0.095$, $E[S(X)^2] = \dfrac{19}{20} \cdot 1.9 = 1.805$,

$\nu = (0-3)^4 \cdot \dfrac{1}{20} + (1-3)^4 \cdot \dfrac{2}{20} + (2-3)^4 \cdot \dfrac{4}{20} + (3-3)^4 \cdot \dfrac{5}{20}$

$\quad + (4-3)^4 \cdot \dfrac{5}{20} + (5-3)^4 \cdot \dfrac{3}{20} = 8.5$,

$V[S(X)^2] = \dfrac{8.5 - (1.9)^2}{20} - \dfrac{2\{8.5 - 2 \cdot (1.9)^2\}}{20^2} + \dfrac{8.5 - 3 \cdot (1.9)^2}{20^3} = 0.2501$.

問題 3.2 (p.32)

1. 試験の点数を X で表す.

X	0	1	2	3	4	5	6	7	8	9	10	
f_k	1	1	2	2	2	4	6	4	1	1	1	25
$x_k f_k$	0	1	4	6	8	20	36	28	8	9	10	130
${x_k}^2$	0	1	4	9	16	25	36	49	64	81	100	
$x^2 f_k$	0	1	8	18	32	100	216	196	64	81	100	816

最も大きい度数は 6 で, そのときの X の値は 6 である. また, 標本数は 25 であるから, 中心は 13 である. 13 番目の学生の得点は 6 点である. よって, モードは 6 であり, メジアンは 6 である.

標本平均値: $\overline{x} = \dfrac{1}{25} \displaystyle\sum_{k=1}^{25} x_k = \dfrac{130}{25} = 5.2$.

標本分散値: $s(x)^2 = \dfrac{1}{25} \displaystyle\sum_{k=1}^{25} (x_k - \overline{x})^2 = \dfrac{1}{25} \displaystyle\sum_{k=1}^{25} {x_k}^2 - \overline{x}^2$

$\qquad\qquad\qquad = \dfrac{816}{25} - (5.2)^2 = 5.6.$

標本標準偏差値: $s(x) = \sqrt{s(x)^2} = \sqrt{5.6}$.

2. $S(X)^2$ は次のように表せる.

$$S(X)^2 = \frac{1}{n}\sum_{k=1}^{n}(X_k - \overline{X})^2 = \frac{1}{n}\sum_{k=1}^{n}(X_k - \mu + \mu - \overline{X})^2$$

$$= \frac{1}{n}\sum_{k=1}^{n}\left\{(X_k - \mu) - (\overline{X} - \mu)\right\}^2$$

$$= \frac{1}{n}\sum_{k=1}^{n}(X_k - \mu)^2 - \frac{2}{n}(\overline{X} - \mu)\sum_{k=1}^{n}(X_k - \mu) + \frac{1}{n}\sum_{k=1}^{n}(\overline{X} - \mu)^2$$

$$= \frac{1}{n}\sum_{k=1}^{n}(X_k - \mu)^2 - 2(\overline{X} - \mu)^2 + (\overline{X} - \mu)^2$$

$$= \frac{1}{n}\sum_{k=1}^{n}(X_k - \mu)^2 - (\overline{X} - \mu)^2$$

$$= \frac{1}{n}\sum_{k=1}^{n}(X_k - \mu)^2 - \left\{\frac{1}{n}\sum_{k=1}^{n}(X_k - \mu)\right\}^2$$

$$= \frac{1}{n}\sum_{k=1}^{n}(X_k - \mu)^2 - \frac{1}{n^2}\left\{\sum_{k=1}^{n}(X_k - \mu)\right\}\left\{\sum_{\ell=1}^{n}(X_\ell - \mu)\right\}$$

$$= \frac{1}{n}\sum_{k=1}^{n}(X_k - \mu)^2 - \frac{1}{n^2}\sum_{k=1}^{n}(X_k - \mu)^2$$
$$\quad - \frac{1}{n^2}\sum_{k \neq \ell}(X_k - \mu)(X_\ell - \mu)$$

$$= \frac{n-1}{n^2}\sum_{k=1}^{n}(X_k - \mu)^2 - \frac{1}{n^2}\sum_{k \neq \ell}(X_k - \mu)(X_\ell - \mu).$$

また, $S(X)^4$ は次のように表せる.

$$S(X)^4 = \frac{(n-1)^2}{n^4}\left\{\sum_{i=1}^{n}(X_i - \mu)^2\right\}^2$$

$$\quad - \frac{2(n-1)}{n^4}\left\{\sum_{i=1}^{n}(X_i - \mu)^2\right\}\left\{\sum_{i \neq j}(X_i - \mu)(X_j - \mu)\right\}$$

$$\quad + \frac{1}{n^4}\left\{\sum_{i \neq j}(X_i - \mu)(X_j - \mu)\right\}^2$$

$$= \frac{(n-1)^2}{n^4} \left\{ \sum_{i=1}^n (X_i - \mu)^4 + \sum_{i \neq j} (X_i - \mu)^2 (X_j - \mu)^2 \right\}$$

$$- \frac{2(n-1)}{n^4} \left\{ 2 \sum_{i \neq j} (X_i - \mu)^3 (X_j - \mu) \right.$$

$$\left. + \sum_{\substack{i,j,k \text{ は} \\ \text{すべて異なる}}} (X_i - \mu)^2 (X_j - \mu)(X_k - \mu) \right\}$$

$$+ \frac{1}{n^4} \left\{ 2 \sum_{i \neq j} (X_i - \mu)^2 (X_j - \mu)^2 \right.$$

$$+ 4 \sum_{\substack{i,j,k \text{ は} \\ \text{すべて異なる}}} (X_i - \mu)^2 (X_j - \mu)(X_k - \mu)$$

$$\left. + \sum_{\substack{i,j,k,\ell \text{ は} \\ \text{すべて異なる}}} (X_i - \mu)(X_j - \mu)(X_k - \mu)(X_\ell - \mu) \right\}$$

$$= \frac{(n-1)^2}{n^4} \sum_{i=1}^n (X_i - \mu)^4$$

$$+ \left\{ \frac{(n-1)^2}{n^4} + \frac{2}{n^4} \right\} \sum_{i \neq j} (X_i - \mu)^2 (X_j - \mu)^2$$

$$- \frac{4(n-1)}{n^4} \sum_{i \neq j} (X_i - \mu)^3 (X_j - \mu)$$

$$+ \left\{ -\frac{2(n-1)}{n^4} + \frac{4}{n^4} \right\} \sum_{\substack{i,j,k \text{ は} \\ \text{すべて異なる}}} (X_i - \mu)^2 (X_j - \mu)(X_k - \mu)$$

$$+ \frac{1}{n^4} \sum_{\substack{i,j,k,\ell \text{ は} \\ \text{すべて異なる}}} (X_i - \mu)(X_j - \mu)(X_k - \mu)(X_\ell - \mu)$$

$$= \frac{(n-1)^2}{n^4} \sum_{i=1}^n (X_i - \mu)^4 + \frac{n^2 - 2n + 3}{n^4} \sum_{i \neq j} (X_i - \mu)^2 (X_j - \mu)^2$$

$$-\frac{4(n-1)}{n^4}\sum_{i\neq j}(X_i-\mu)^3(X_j-\mu)$$
$$-\frac{2(n-3)}{n^4}\sum_{\substack{i,j,k \text{ は}\\ \text{すべて異なる}}}(X_i-\mu)^2(X_j-\mu)(X_k-\mu)$$
$$+\frac{1}{n^4}\sum_{\substack{i,j,k,\ell \text{ は}\\ \text{すべて異なる}}}(X_i-\mu)(X_j-\mu)(X_k-\mu)(X_\ell-\mu).$$

ここで，$X_i\ (i=1,2,\ldots,n)$ は互いに独立であり，$E[X_i-\mu]=0\ (i=1,2,\ldots,n)$ であるから以下を得る．

$$\begin{aligned}E[S(X)^4] &= \frac{(n-1)^2}{n^4}\sum_{i=1}^n E[(X_i-\mu)^4]\\ &\quad + \frac{n^2-2n+3}{n^4}\sum_{i\neq j}E[(X_i-\mu)^2]E[(X_j-\mu)^2]\\ &\quad - \frac{4(n-1)}{n^4}\sum_{i\neq j}E[(X_i-\mu)^3]E[X_j-\mu]\\ &\quad - \frac{2(n-3)}{n^4}\sum_{\substack{i,j,k \text{ は}\\ \text{すべて異なる}}}E[(X_i-\mu)^2]E[X_j-\mu]E[X_k-\mu]\\ &\quad + \frac{1}{n^4}\sum_{\substack{i,j,k,\ell \text{ は}\\ \text{すべて異なる}}}E[X_i-\mu]E[X_j-\mu]E[X_k-\mu]E[X_\ell-\mu]\\ &= \frac{(n-1)^2}{n^4}\sum_{i=1}^n \nu + \frac{n^2-2n+3}{n^4}\sum_{i\neq j}\sigma^2\cdot\sigma^2\\ &\quad - \frac{4(n-1)}{n^4}\sum_{i\neq j}E[(X_i-\mu)^3]\cdot 0\\ &\quad - \frac{2(n-3)}{n^4}\sum_{\substack{i,j,k \text{ は}\\ \text{すべて異なる}}}E[(X_i-\mu)^2]\cdot 0\cdot 0\\ &\quad + \frac{1}{n^4}\sum_{\substack{i,j,k,\ell \text{ は}\\ \text{すべて異なる}}}0\cdot 0\cdot 0\cdot 0\\ &= \frac{(n-1)^2}{n^3}\nu + \frac{(n-1)(n^2-2n+3)}{n^3}\sigma^4.\end{aligned}$$

また，$E[S(X)^2] = \dfrac{n-1}{n}\sigma^2$ だから，$V[S(X)^2]$ は以下のようになる．

$$
\begin{aligned}
V[S(X)^4] &= E[S(X)^4] - E[S(X)^2]^2 \\
&= \frac{(n-1)^2}{n^3}\nu + \frac{(n-1)(n^2-2n+3)}{n^3}\sigma^4 - \left(\frac{n-1}{n}\sigma^2\right)^2 \\
&= \frac{(n-1)^2}{n^3}\nu + \frac{(n-1)(n^2-2n+3)}{n^3}\sigma^4 - \frac{n(n-1)^2}{n^3}\sigma^4 \\
&= \frac{n^2(\nu-\sigma^4) - 2n(\nu-2\sigma^4) + (\nu-3\sigma^4)}{n^3} \\
&= \frac{n^2(\nu-\sigma^4)}{n^3} - \frac{2n(\nu-2\sigma^4)}{n^3} + \frac{\nu-3\sigma^4}{n^3} \\
&= \frac{\nu-\sigma^4}{n} - \frac{2(\nu-2\sigma^4)}{n^2} + \frac{\nu-3\sigma^4}{n^3}.
\end{aligned}
$$

第4章

問 4.1 (p.34)

$E[Y] = \mu$ となることを示せばよい. $X_1, X_2, \ldots, X_n$ は独立であるから次が成り立つ.

$$E[Y] = E[\alpha_1 X_1 + \alpha_2 X_2 + \cdots + \alpha_n X_n]$$
$$= \alpha_1 E[X_1] + \alpha_2 E[X_2] + \cdots + \alpha_n E[X_n]$$
$$= \alpha_1 \mu + \alpha_2 \mu + \cdots + \alpha_n \mu = (\alpha_1 + \alpha_2 + \cdots + \alpha_n)\mu = \mu$$

したがって, Y は μ の不偏推定量である.

問 4.2 (p.34)

まず, Y が μ の不偏推定量であることを示す. $X_1, X_2, \ldots, X_n$ は独立であるから次が成り立つ.

$$E[Y] = E[\alpha_1 X_1 + \alpha_2 X_2 + \cdots + \alpha_n X_n]$$
$$= \alpha_1 E[X_1] + \alpha_2 E[X_2] + \cdots + \alpha_n E[X_n]$$
$$= \alpha_1 \mu + \alpha_2 \mu + \cdots + \alpha_n \mu = (\alpha_1 + \alpha_2 + \cdots + \alpha_n)\mu = \frac{1}{n} \cdot n \cdot \mu = \mu.$$

したがって, Y は μ の不偏推定量である.

次に, 分散が最小になることを示す. $\alpha_1 = \alpha_2 = \cdots = \alpha_n = \dfrac{1}{n}$ だから条件 $\alpha_1 + \alpha_2 + \cdots + \alpha_n = 1$ を得る. $X_1, X_2, \ldots, X_n$ は独立だから, Y の分散は次のように表せる.

$$V[Y] = V[\alpha_1 X_1 + \alpha_2 X_2 + \cdots + \alpha_n X_n]$$
$$= \alpha_1{}^2 V[X_1] + \alpha_2{}^2 V[X_2] + \cdots + \alpha_n{}^2 V[X_n]$$
$$= \alpha_1{}^2 \sigma^2 + \alpha_2{}^2 \sigma^2 + \cdots + \alpha_n{}^2 \sigma^2 = (\alpha_1{}^2 + \alpha_2{}^2 + \cdots + \alpha_n{}^2)\sigma^2.$$

上記において, $\alpha_1 + \alpha_2 + \cdots + \alpha_n = 1$ の条件の下で, $\alpha_1{}^2 + \alpha_2{}^2 + \cdots + \alpha_n{}^2$ を最小にすることを考える. このとき, 分散は最小になる. この条件を満たす $\alpha_1, \alpha_2, \ldots, \alpha_n$ はラグランジュの未定乗数法により求めることができる. こ

こで，
$$f(\alpha_1, \alpha_2, \ldots, \alpha_n) = {\alpha_1}^2 + {\alpha_2}^2 + \cdots + {\alpha_n}^2, \ g(\alpha_1, \alpha_2, \ldots, \alpha_n) = \alpha_1 + \alpha_2 + \cdots + \alpha_n - 1$$
とおいて，$f(\alpha_1, \alpha_2, \ldots, \alpha_n) - \lambda g(\alpha_1, \alpha_2, \ldots, \alpha_n)$ を $\alpha_1, \alpha_2, \ldots, \alpha_n$ のそれぞれについて偏微分すると
$$\frac{\partial}{\partial \alpha_k}\{f(\alpha_1, \alpha_2, \ldots, \alpha_n) - \lambda g(\alpha_1, \alpha_2, \ldots, \alpha_n)\} = 2\alpha_k - \lambda \ (k = 1, 2, \ldots, n)$$
である．各 $k = 1, 2, \ldots, n$ に対して，$2\alpha_k - \lambda = 0$ を解けば $\alpha_k = \dfrac{\lambda}{2}$ を得る．また，条件 $\alpha_1 + \alpha_2 + \cdots + \alpha_n = 1$ にこれらを代入すると $\dfrac{n\lambda}{2} = 1$ となるから，$\lambda = \dfrac{2}{n}$ を得る．したがって，$\alpha_1 = \alpha_2 = \cdots = \alpha_n = \dfrac{1}{n}$ のとき分散が最小となる．

問題 4.1 (p.35)

1. $\left(\dfrac{X_1}{{\sigma_1}^2} + \dfrac{X_2}{{\sigma_2}^2} + \dfrac{X_3}{{\sigma_3}^2}\right) \Big/ \left(\dfrac{1}{{\sigma_1}^2} + \dfrac{1}{{\sigma_2}^2} + \dfrac{1}{{\sigma_3}^2}\right)$ は，$Y = a_1 X_1 + a_2 X_2 + a_3 X_3$ において a_1, a_2, a_3 が以下のようになっていると考えればよい．
$$a_1 = \frac{\frac{1}{{\sigma_1}^2}}{\frac{1}{{\sigma_1}^2} + \frac{1}{{\sigma_2}^2} + \frac{1}{{\sigma_3}^2}}, \qquad a_2 = \frac{\frac{1}{{\sigma_2}^2}}{\frac{1}{{\sigma_1}^2} + \frac{1}{{\sigma_2}^2} + \frac{1}{{\sigma_3}^2}},$$
$$a_3 = \frac{\frac{1}{{\sigma_3}^2}}{\frac{1}{{\sigma_1}^2} + \frac{1}{{\sigma_2}^2} + \frac{1}{{\sigma_3}^2}}.$$

まず，これが θ が不偏推定量であることを示す．
$$E[Y] = E[a_1 X_1 + a_2 X_2 + a_3 X_3] = a_1 E[X_1] + a_2 E[X_2] + a_3 E[X_3]$$
$$= a_1 \theta + a_2 \theta + a_3 \theta = (a_1 + a_2 + a_3)\theta = \frac{\frac{1}{{\sigma_1}^2} + \frac{1}{{\sigma_2}^2} + \frac{1}{{\sigma_3}^2}}{\frac{1}{{\sigma_1}^2} + \frac{1}{{\sigma_2}^2} + \frac{1}{{\sigma_3}^2}} \cdot \theta = \theta.$$

したがって，Y は θ の不偏推定量である．
次に，$a_1 + a_2 + a_3 = 1$ の条件の下で分散 $V[Y] = {a_1}^2 {\sigma_1}^2 + {a_2}^2 {\sigma_2}^2 + {a_3}^2 {\sigma_3}^2$ が最小となる a_1, a_2, a_3 を考える．
$$f(a_1, a_2, a_3) = {a_1}^2 {\sigma_1}^2 + {a_2}^2 {\sigma_2}^2 + {a_3}^2 {\sigma_3}^2, \quad g(a_1, a_2, a_3) = a_1 + a_2 + a_3 - 1$$

とおいて，$f(a_1, a_2, a_3) - \lambda g(a_1, a_2, a_3)$ を a_1, a_2, a_3 のそれぞれについて偏微分すると

$$\frac{\partial}{\partial a_k}\{f(a_1, a_2, a_3) - \lambda g(a_1, a_2, a_3)\} = 2a_k\sigma_k{}^2 - \lambda \ (k = 1, 2, 3)$$

である．各 $k = 1, 2, 3$ に対して，$2a_k\sigma_k{}^2 - \lambda = 0$ を解けば $a_k = \dfrac{\lambda}{2\sigma_k{}^2}$ を得る．また，条件 $a_1 + a_2 + a_3 = 1$ にこれらを代入すると
$\dfrac{\lambda}{2}\left(\dfrac{1}{\sigma_1{}^2} + \dfrac{1}{\sigma_2{}^2} + \dfrac{1}{\sigma_3{}^2}\right) = 1$ となるから，$\lambda = \dfrac{2}{\frac{1}{\sigma_1{}^2} + \frac{1}{\sigma_2{}^2} + \frac{1}{\sigma_3{}^2}}$ を得る．したがって，

$$a_1 = \frac{\frac{1}{\sigma_1{}^2}}{\frac{1}{\sigma_1{}^2} + \frac{1}{\sigma_2{}^2} + \frac{1}{\sigma_3{}^2}}, \quad a_2 = \frac{\frac{1}{\sigma_2{}^2}}{\frac{1}{\sigma_1{}^2} + \frac{1}{\sigma_2{}^2} + \frac{1}{\sigma_3{}^2}},$$

$$a_3 = \frac{\frac{1}{\sigma_3{}^2}}{\frac{1}{\sigma_1{}^2} + \frac{1}{\sigma_2{}^2} + \frac{1}{\sigma_3{}^2}}.$$

のとき分散が最小となる．

2. 1) $E[S_1] = \sigma$ となることを示せばよい．

$$E[S_1] = E\left[\sqrt{\frac{\pi}{2}} \cdot \frac{1}{n} \sum_{k=1}^{n} |X_k - \mu|\right] = \sqrt{\frac{\pi}{2}} \cdot \frac{1}{n} \sum_{k=1}^{n} E\left[|X_k - \mu|\right]$$

$$= \sqrt{\frac{\pi}{2}} \cdot \frac{1}{n} \cdot n \int_{-\infty}^{\infty} |x - \mu| \frac{1}{\sqrt{2\pi\sigma^2}} \exp\left[-\frac{(x-\mu)^2}{2\sigma^2}\right] dx$$

$$= \frac{1}{2\sigma} \int_{-\infty}^{\infty} |x - \mu| \exp\left[-\frac{(x-\mu)^2}{2\sigma^2}\right] dx$$

$$= \frac{1}{2\sigma} \left\{ \int_{-\infty}^{\mu} (\mu - x) \exp\left[-\frac{(x-\mu)^2}{2\sigma^2}\right] dx \right.$$

$$\left. + \int_{\mu}^{\infty} (x - \mu) \exp\left[-\frac{(x-\mu)^2}{2\sigma^2}\right] dx \right\}.$$

ここで，$t = \dfrac{x-\mu}{\sqrt{2}\sigma}$ とおくと $x - \mu = \sqrt{2}\sigma t$ であり，$\dfrac{dt}{dx} = \dfrac{1}{\sqrt{2}\sigma}$ だから $dx = \sqrt{2}\sigma\, dt$ である．

$$E[S_1] = \frac{1}{2\sigma}\left\{\int_0^{\infty} \sqrt{2}\sigma t \exp\left[-t^2\right] (\sqrt{2}\sigma\, dt)\right.$$

$$-\int_{-\infty}^{0} \sqrt{2}\sigma t \exp\left[-t^2\right] (\sqrt{2}\sigma \, dt)\Big\}$$
$$= \sigma\left\{\int_{0}^{\infty} t\exp\left[-t^2\right] dt - \int_{-\infty}^{0} t\exp\left[-t^2\right] dt\right\}$$
$$= \sigma\left(\left[-\frac{1}{2}\exp\left[-t^2\right]\right]_{0}^{\infty} - \left[-\frac{1}{2}\exp\left[-t^2\right]\right]_{-\infty}^{0}\right)$$
$$= \sigma\left\{\frac{1}{2} - \left(-\frac{1}{2}\right)\right\} = \sigma.$$

したがって，S_1 は σ の不偏推定量である．

2) 確率変数 $X_1, X_2, \ldots, X_n$ は互いに独立で，各 $k = 1, 2, \ldots, n$ に対して $X_k \sim N(\mu_k, \sigma_k{}^2)$ とする．このとき，$Y = a_1 X_1 + a_2 X_2 + \cdots + a_n X_n$ について，$Y \sim N\left(\sum_{k=1}^{n} a_k \mu_k, \sum_{k=1}^{n} a_k{}^2 \sigma_k{}^2\right)$ が成り立つ．

任意の $k = 1, 2, \ldots, n$ に対して，次が成り立つ．
$$E[X_k - \overline{X}] = E\left[-\frac{1}{n}X_1 - \cdots - \frac{1}{n}X_{k-1} + \left(1 - \frac{1}{n}\right)X_k\right.$$
$$\left. - \frac{1}{n}X_{k+1} - \cdots - \frac{1}{n}X_n\right]$$
$$= -\frac{1}{n}\mu - \cdots - \frac{1}{n}\mu + \left(1 - \frac{1}{n}\right)\mu - \frac{1}{n}\mu - \cdots$$
$$- \frac{1}{n}\mu = 0,$$
$$V[X_k - \overline{X}] = V\left[-\frac{1}{n}X_1 - \cdots - \frac{1}{n}X_{k-1} + \left(1 - \frac{1}{n}\right)X_k\right.$$
$$\left. - \frac{1}{n}X_{k+1} - \cdots - \frac{1}{n}X_n\right]$$
$$= \frac{1}{n^2}\sigma^2 + \cdots + \frac{1}{n^2}\sigma^2 + \left(1 - \frac{1}{n}\right)^2\sigma^2 + \frac{1}{n^2}\sigma^2$$
$$+ \cdots + \frac{1}{n^2}\sigma^2$$
$$= \frac{n-1}{n}\sigma^2.$$

したがって，$X_k - \overline{X} \sim N\left(0, \frac{n-1}{n}\sigma^2\right)$ である．

ここで，$X \sim N(0, \sigma^2)$ のときの $E[|X|]$ について考える．
$$E[|X|] = \int_{-\infty}^{\infty} |x| \frac{1}{\sqrt{2\pi}\sigma} \exp\left[-\frac{x^2}{2\sigma^2}\right] dx$$
$$= \frac{1}{\sqrt{2\pi}\sigma} \left\{ \int_{-\infty}^{0} (-x) \exp\left[-\frac{x^2}{2\sigma^2}\right] dx \right.$$
$$\left. + \int_{0}^{\infty} x \exp\left[-\frac{x^2}{2\sigma^2}\right] dx \right\}.$$

置換積分法を利用することを考えて，$t = \dfrac{x}{\sqrt{2}\sigma}$ とおくと $\dfrac{dt}{dx} = \dfrac{1}{\sqrt{2}\sigma}$ だから $dx = \sqrt{2}\sigma\, dt$ である．
$$E[|X|] = \frac{1}{\sqrt{2\pi}\sigma} \left\{ \int_{0}^{\infty} \sqrt{2}\sigma t \exp\left[-t^2\right] (\sqrt{2}\sigma\, dt) \right.$$
$$\left. - \int_{-\infty}^{0} \sqrt{2}\sigma t \exp\left[-t^2\right] (\sqrt{2}\sigma dt) \right\}$$
$$= \frac{\sqrt{2}\sigma}{\sqrt{\pi}} \left\{ \int_{0}^{\infty} t \exp\left[-t^2\right] dt - \int_{-\infty}^{0} t \exp\left[-t^2\right] dt \right\}$$
$$= \frac{\sqrt{2}\sigma}{\sqrt{\pi}} \left(\left[-\frac{1}{2} \exp\left[-t^2\right]\right]_{0}^{\infty} - \left[-\frac{1}{2} \exp\left[-t^2\right]\right]_{-\infty}^{0} \right)$$
$$= \frac{\sqrt{2}\sigma}{\sqrt{\pi}} \left\{ \frac{1}{2} - \left(-\frac{1}{2}\right) \right\} = \sqrt{\frac{2}{\pi}}\sigma.$$

上記から，$E[|X_k - \overline{X}|] = \sqrt{\dfrac{2(n-1)}{\pi n}}\sigma \ (k = 1, 2, \ldots, n)$ であることがわかる．したがって，
$$E[S_2] = \sqrt{\frac{\pi}{2n(n-1)}} \sum_{k=1}^{n} E[|X_k - \overline{X}|]$$
$$= \sqrt{\frac{\pi}{2n(n-1)}} \sum_{k=1}^{n} \sqrt{\frac{2(n-1)}{\pi n}}\sigma$$
$$= \sqrt{\frac{\pi}{2n(n-1)}} \cdot n \cdot \sqrt{\frac{2(n-1)}{\pi n}}\sigma = \sigma$$

となり，S_2 が σ の不偏推定量であることが示せた．

問 4.3 (p.37)

$L(\theta) := \prod_{k=1}^{n} \theta(1-\theta)^{x_k-1}$ とおくと,

$$\log L(\theta) = \sum_{k=1}^{n} \log \theta(1-\theta)^{x_k-1} = \sum_{k=1}^{n} \{\log \theta + (x_k - 1)\log(1-\theta)\}$$

$$= n\log\theta + \{\log(1-\theta)\}\left\{\sum_{k=1}^{n}(x_k-1)\right\} \quad (0 < \theta < 1)$$

となる.これを,θ の関数と考えて偏微分すると

$$\frac{\partial}{\partial \theta}\log L(\theta) = \frac{n}{\theta} - \frac{n}{1-\theta}(\overline{x}-1) = \frac{n(1-\theta\overline{x})}{\theta(1-\theta)}$$

を得る.$\frac{\partial}{\partial \theta}\log L(\theta) = 0$ をみたす θ の値を求めると,最尤推定値は $\theta^* = \frac{1}{\overline{x}}$ であることがわかり,求める最尤推定量 $\widehat{\theta} = \frac{1}{\overline{X}}$ を得る.実際,$n > 0$ であり $0 < \theta < 1$ だから,$\theta < \frac{1}{\overline{x}}$ のとき $\frac{\partial}{\partial \theta}\log L(\theta) > 0$ となり,$\theta > \frac{1}{\overline{x}}$ のとき $\frac{\partial}{\partial \theta}\log L(\theta) < 0$ となる.ゆえに,$\theta = \frac{1}{\overline{x}}$ のとき尤度関数の値が最大になることがわかる.

問題 4.2 (p.37,38)

1. 1) $L(\theta) := \prod_{k=1}^{n} {}_m\mathrm{C}_{x_k}\theta^{x_k}(1-\theta)^{m-x_k}$ とおくと,

$$\log L(\theta) = \sum_{k=1}^{n} \log {}_m\mathrm{C}_{x_k}\theta^{x_k}(1-\theta)^{m-x_k}$$

$$= \sum_{k=1}^{n}\{\log {}_m\mathrm{C}_{x_k} + x_k\log\theta + (m-x_k)\log(1-\theta)\}$$

$$(0 < \theta < 1)$$

となる.これを,θ の関数と考えて偏微分すると

$$\frac{\partial}{\partial \theta}\log L(\theta) = \frac{1}{\theta}\sum_{k=1}^{n}x_k - \frac{1}{1-\theta}\left(nm - \sum_{k=1}^{n}x_k\right) = \frac{n(\overline{x}-m\theta)}{\theta(1-\theta)}$$

を得る．$\dfrac{\partial}{\partial \theta} \log L(\theta) = 0$ をみたす θ の値を求めると，最尤推定値は $\theta^* = \dfrac{\overline{x}}{m}$ であることが分かり，求める最尤推定量 $\widehat{\theta} = \dfrac{\overline{X}}{m}$ を得る．実際，$n > 0, m > 0$ であり $0 < \theta < 1$ だから，$\theta < \dfrac{\overline{x}}{m}$ のとき $\dfrac{\partial}{\partial \theta} \log L(\theta) > 0$ となり，$\theta > \dfrac{\overline{x}}{m}$ のとき $\dfrac{\partial}{\partial \theta} \log L(\theta) < 0$ となる．ゆえに，$\theta = \dfrac{\overline{x}}{m}$ のとき尤度関数の値が最大になることがわかる．

2) $L(\theta) := \displaystyle\prod_{k=1}^{n} p(x_k; \theta)$ とおくと，

$$L(\theta) = \begin{cases} \dfrac{1}{\theta^n} & (0 < x_k < \theta; k = 1, 2, \ldots, n) \\ 0 & (\text{その他}) \end{cases}$$

と表せる．したがって，最尤推定値は $\theta^* = \max(x_1, x_2, \ldots, x_n)$ であり，最尤推定量は $\widehat{\theta} = \max(X_1, X_2, \ldots, X_n)$ である．実際，$\theta > 0$ だから $\dfrac{1}{\theta^n} > 0$ となるため，最尤推定値となるたには $L(\theta) = \dfrac{1}{\theta^n}$ となるように θ を選ぶ必要がある．ここで，$\theta^* = \max(x_1, x_2, \ldots, x_n)$ とおけば，この条件をみたす最小の値である．また，$\theta^* < \theta$ となる任意の θ に対して，$\dfrac{1}{(\theta^*)^n} > \dfrac{1}{\theta^n}$ であるから，θ^* が最尤推定値であることがわかる．

2. $L(\theta) := \displaystyle\prod_{k=1}^{n} \dfrac{\lambda^{x_k}}{x_k!} e^{-\lambda}$ とおくと，

$$\log L(\lambda) = \sum_{k=1}^{n} \log \dfrac{\lambda^{x_k}}{x_k!} e^{-\lambda} = \sum_{k=1}^{n} \{x_k \log \lambda - \log(x_k!) - \lambda\}$$

$$= n\overline{x} \log \lambda - n\lambda - \sum_{k=1}^{n} \log(x_k!)$$

となる．これを，λ の関数と考えて偏微分すると

$$\dfrac{\partial}{\partial \lambda} \log L(\lambda) = \dfrac{n\overline{x}}{\lambda} - n = n\left(\dfrac{\overline{x}}{\lambda} - 1\right)$$

を得る．$\frac{\partial}{\partial \lambda} \log L(\lambda) = 0$ をみたす λ の値を求めると，最尤推定値は $\lambda^* = \overline{x}$ であることが分かり，求める最尤推定量 $\widehat{\lambda} = \overline{X}$ を得る．実際，$\lambda > 0$ だから，$\lambda < \overline{x}$ のとき $\frac{\partial}{\partial \lambda} \log L(\lambda) > 0$ となり，$\lambda > \overline{x}$ のとき $\frac{\partial}{\partial \lambda} \log L(\lambda) < 0$ となる．ゆえに，$\lambda = \overline{x}$ のとき尤度関数の値が最大になることがわかる．

第5章

問 5.1 (p.41)

帰無仮説を「コインは対称に作られている」とすると，$p = \dfrac{1}{2}$ だから

$$k_0 = \frac{(f-np)^2}{np} + \frac{\{n-f-(np)\}^2}{n(1-p)} = \left(\frac{3}{\sqrt{5}}\right)^2 = 1.8$$

であり，$k_0 < k_{0.05}$ となり仮説は採択される．したがって，コインは対称に作られていないとはいえないと結論される．

問題 5.1 (p.41)

帰無仮説を「コインは対称に作られている」とすると，$p = \dfrac{1}{2}$ だから

$$k_0 = \frac{(f-np)^2}{np} + \frac{\{n-f-(np)\}^2}{n(1-p)} = \left(\frac{20}{\sqrt{100}}\right)^2 = 4$$

であり，$k_0 > k_{0.05}$ となり仮説は棄却される．したがって，コインは対称に作られていないと結論される．

問 5.2 (p.43)

帰無仮説 $H_0 : \mu = 122$ を統計量 $Z = \dfrac{\overline{X} - 122}{\sqrt{30}/5}$ を用いて，両側検定（対立仮説 $H_1 : \mu \neq 122$）にて検定する．有意水準 $\alpha = 0.05$ に対して，正規分布表より $P(|Z| \geqq z_\alpha) = \alpha$ なる $z_\alpha = 1.96$ を得る．Z の実現値 z_0 は

$$z_0 = \frac{\overline{x} - 122}{\sqrt{30}/5} = \frac{120.5 - 122}{\sqrt{30}/5} = -\frac{1.5 \times 5}{\sqrt{30}} = -1.3693$$

と計算され，$|z_0| < z_\alpha$ となるから，H_0 は採択される．したがって，全国平均に一致していないとはいえないと結論される．

問 5.3 (p.44)

帰無仮説 $H_0 : \mu = 50$ を統計量 $Z = \dfrac{\overline{X} - 50}{12/\sqrt{36}}$ を用いて，右側検定（対立仮説 $H_1 : \mu > 50$）にて検定する．有意水準 $\alpha = 0.05$ に対して，正規分布表より

$P(Z \geqq z_\alpha) = \alpha$ なる $z_\alpha = 1.64$ を得る．Z の実現値 z_0 は

$$z_0 = \frac{\overline{x} - 50}{12/\sqrt{36}} = \frac{53.8 - 50}{2} = 1.9$$

と計算され，$z_0 > z_\alpha$ となるから，H_0 は棄却される．したがって，平均よりよくできていると結論される．

問 5.4 (p.44)

有意水準 $\alpha = 0.1$ に対して，正規分布表より $P(Z \leq z_\alpha) = \alpha$ なる $z_\alpha = -1.28$ を得る．Z の実現値は $z_0 = -1.7778$ と計算され，$z_0 < z_\alpha$ となるから，H_0 は棄却される．したがって，平均寿命を偽って長く表示していると結論される．

問題 5.2 (p.45)

1. 標本平均値を計算すると次のようになる．

$$\overline{x} = \frac{1}{5}(3.56 + 3.07 + 3.45 + 3.42 + 3.24) = 3.348.$$

帰無仮説 $H_0 : \mu = 3.10$ を統計量 $Z = \dfrac{\overline{X} - 3.10}{\sqrt{0.10}/\sqrt{5}}$ を用いて，両側検定（対立仮説 $H_1 : \mu \neq 3.10$）にて検定する．有意水準 $\alpha = 0.05$ に対して，正規分布表より $P(|Z| \geqq z_\alpha) = \alpha$ なる $z_\alpha = 1.96$ を得る．Z の実現値 z_0 は

$$z_0 = \frac{\overline{x} - 3.10}{\sqrt{0.10}/\sqrt{5}} = \frac{3.348 - 3.10}{\sqrt{0.10}/\sqrt{5}} = 1.7536$$

と計算され，$|z_0| < z_\alpha$ となるから，H_0 は採択される．したがって，有意水準が $\alpha = 0.05$ のとき，正規分布 $N(3.10, 0.10)$ を母集団分布とする標本変量の実現値とみなせないとはいえないと結論される．
また，有意水準 $\alpha = 0.1$ に対して，正規分布表より $P(|Z| \geq z_\alpha) = \alpha$ なる $z_\alpha = 1.64$ を得る．このとき，$|z_0| > z_\alpha$ となるから，H_0 は棄却される．したがって，有意水準が $\alpha = 0.1$ のとき，正規分布 $N(3.10, 0.10)$ を母集団分布とする標本変量の実現値とみなせないと結論される．

2. 帰無仮説 $H_0 : \mu = 15.68$ を統計量 $Z = \dfrac{\overline{X} - 15.68}{2.42/\sqrt{36}}$ を用いて，右側検定

(対立仮説 $H_1: \mu > 15.68$) にて検定する.有意水準 $\alpha = 0.05$ に対して,正規分布表より $P(Z \geqq z_\alpha) = \alpha$ なる $z_\alpha = 1.64$ を得る.Z の実現値 z_0 は

$$z_0 = \frac{\overline{x} - 15.68}{2.42/\sqrt{36}} = \frac{17.17 - 15.68}{2.42/6} = 3.694$$

と計算され,$z_0 > z_\alpha$ となるから,H_0 は棄却される.したがって,この部分は元素 A 含有量が多いと結論される.

3. 帰無仮説 $H_0: \mu = 15.68$ を統計量 $Z = \dfrac{\overline{X} - 15.68}{2.42/\sqrt{36}}$ を用いて,左側検定 (対立仮説 $H_1: \mu < 15.68$) にて検定する.有意水準 $\alpha = 0.01$ に対して,正規分布表より $P(Z \leqq z_\alpha) = \alpha$ なる $z_\alpha = -2.33$ を得る.Z の実現値 z_0 は

$$z_0 = \frac{\overline{x} - 15.68}{2.42/\sqrt{36}} = \frac{14.45 - 15.68}{2.42/6} = -3.050$$

と計算され,$z_0 < z_\alpha$ となるから,H_0 は棄却される.したがって,この部分は元素 A 含有量が少ないと結論される.

問 5.5 (p.48)

帰無仮説 $H_0: \mu = 8.40$ を統計量 $T = \dfrac{\overline{X} - 8.40}{S(X)/\sqrt{9}} (\sim t(9))$ を用いて,両側検定 (対立仮説 $H_1: \mu \neq 8.40$) にて検定する.有意水準 $\alpha = 0.05$ に対して,t-分布表より $P(|T| \geqq t_\alpha) = \alpha$ なる $t_\alpha = 2.262$ を得る.T の実現値 t_0 は

$$t_0 = \frac{\overline{x} - 8.40}{s(x)/\sqrt{9}} = \frac{8.25 - 8.40}{0.21/3} = -2.143$$

と計算され,$|t_0| < t_\alpha$ となるから,H_0 は採択される.したがって,この食品のタンパク質は標準平均通りではないとはいえないと結論される.

問 5.6 (p.49)

標本平均値を計算すると次のようになる．
$$\overline{x} = \frac{1}{15}(87+88+84+90+94+85+90+89+95+89+84+83+83+93+86) = 88.$$
また，$x_1 = 87, x_2 = 88, \cdots, x_{15} = 86$ と表すと不偏分散の実現値は次のようになる．
$$u(x)^2 = \frac{1}{15-1}\sum_{k=1}^{15}(x_k - \overline{x})^2 = \frac{1}{14}\sum_{k=1}^{15}(x_k - 88)^2 = \frac{1}{14}\cdot 216 = 15.43.$$

帰無仮説 $H_0 : \mu = 90$ を統計量 $T = \dfrac{\overline{X} - 90}{U(X)/\sqrt{15}}$ $(\sim t(14))$ を用いて，左側検定 (対立仮説 $H_1 : \mu < 90$) にて検定する．有意水準 $\alpha = 0.05$ に対して，t-分布表より $P(T \leqq t_\alpha) = \alpha$ なる $t_\alpha = -1.761$ を得る．T の実現値 t_0 は
$$t_0 = \frac{\overline{x} - 90}{u(x)/\sqrt{15}} = \frac{88-90}{\sqrt{15.43}/\sqrt{15}} = -1.972$$
と計算され，$t_0 < t_\alpha$ となるから，H_0 は棄却される．したがって，クレームを入れてよいと結論される．

問 5.7 (p.50)

有意水準 $\alpha = 0.1$ に対して，t-分布表より $P(T \leqq t_\alpha) = \alpha$ なる $t_\alpha = -1.341$ を得る．T の実現値は $t_0 = -1.721$ と計算され，$t_0 < t_\alpha$ となるから，H_0 は棄却される．したがって，平均寿命を長く偽って表示している結論される．

問題 5.3 (p.50)

1. 標本平均値を計算すると次のようになる．
$$\overline{x} = \frac{1}{5}(3.56 + 3.07 + 3.45 + 3.42 + 3.24) = 3.348.$$
また，$x_1 = 3.56, x_2 = 3.07, \cdots, x_5 = 3.24$ と表すと不偏分散の実現値は次のようになる．
$$u(x)^2 = \frac{1}{5-1}\sum_{k=1}^{5}(x_k - \overline{x})^2 = \frac{1}{4}\sum_{k=1}^{5}(x_k - 3.34)^2 = 0.03737.$$

帰無仮説 $H_0 : \mu = 3.10$ を統計量 $T = \dfrac{\overline{X} - 3.10}{U(X)/\sqrt{5}}$ $(\sim t(4))$ を用いて，両側検定 (対立仮説 $H_1 : \mu \neq 3.10$) にて検定する．有意水準 $\alpha = 0.05$ に対して，t-分布表より $P(|T| \geq t_\alpha) = \alpha$ なる $t_\alpha = 2.776$ を得る．T の実現値 t_0 は

$$t_0 = \dfrac{3.348 - 3.10}{\sqrt{0.03737}/\sqrt{5}} = 2.867.$$

と計算され，$|t_0| > t_\alpha$ となるから，H_0 は棄却される．したがって，有意水準 $\alpha = 0.05$ のとき，平均 3.10 の正規分布を母集団分布とする標本変量の実現値とみなすことはできないと結論される．

有意水準 $\alpha = 0.01$ に対して，t-分布表より $P(|T| \geq t_\alpha) = \alpha$ なる $t_\alpha = 4.604$ を得る．T の実現値は $t_0 = 2.867$ だから，$|t_0| < t_\alpha$ となり H_0 は採択される．したがって，有意水準 $\alpha = 0.01$ のとき，平均 3.10 の正規分布を母集団分布とする標本変量の実現値ではないといえないと結論される．

2. 帰無仮説 $H_0 : \mu = 15.68$ を統計量 $T = \dfrac{\overline{X} - 15.68}{S(X)/\sqrt{35}}$ $(\sim t(35))$ を用いて，右側検定 (対立仮説 $H_1 : \mu > 15.68$) にて検定する．有意水準 $\alpha = 0.05$ に対して，t-分布表より $P(T \geq t_\alpha) = \alpha$ なる $t_\alpha = 1.690$ を得る．T の実現値 t_0 は

$$t_0 = \dfrac{17.17 - 15.68}{2.42/\sqrt{35}} = \dfrac{1.49 \times \sqrt{35}}{2.42} = 3.643$$

と計算され，$t_0 > t_\alpha$ となるから，H_0 は棄却される．したがって，元素 A が多いといえると結論される．

3. 帰無仮説 $H_0 : \mu = 15.68$ を統計量 $T = \dfrac{\overline{X} - 15.68}{S(X)/\sqrt{35}}$ $(\sim t(35))$ を用いて，左側検定 (対立仮説 $H_1 : \mu < 15.68$) にて検定する．有意水準 $\alpha = 0.01$ に対して，t-分布表より $P(T \leq t_\alpha) = \alpha$ なる $t_\alpha = -2.438$ を得る．T の実現値 t_0 は

$$t_0 = \dfrac{14.45 - 15.68}{2.42/\sqrt{35}} = \dfrac{-1.23 \times \sqrt{35}}{2.42} = -3.007$$

と計算され，$t_0 < t_\alpha$ となるから，H_0 は棄却される．したがって，元素 A が少ないといえると結論される．

問 5.8 (p.54)

帰無仮説を H_0：「3 社の製造能力に差がない」として検定する．

	良品	不良品	合計
A 社	180	20	200
B 社	205	45	250
C 社	165	15	180
合計	550	80	630

	良品	不良品
A 社	$\dfrac{200 \times 550}{630} = 174.60$	$\dfrac{200 \times 80}{630} = 25.40$
B 社	$\dfrac{250 \times 550}{630} = 218.25$	$\dfrac{250 \times 80}{630} = 31.75$
C 社	$\dfrac{180 \times 550}{630} = 157.14$	$\dfrac{180 \times 80}{630} = 22.86$

K の実現値は，
$$k_0 = \frac{(200-174.60)^2}{174.60} + \frac{(20-25.40)^2}{25.40} + \frac{(250-218.25)^2}{218.25}$$
$$+ \frac{(45-31.75)^2}{31.75} + \frac{(180-157.14)^2}{157.14} + \frac{(15-22.86)^2}{22.86}$$
$$= 10.7446$$

と計算される．ここで $k_0 \sim \chi^2((3-1)(2-1)) = \chi^2(2)$ であるから，有意水準 $\alpha = 0.05$ に対して，χ^2-分布表より $P(K \geq k_\alpha) = \alpha$ となる $k_\alpha = 5.991$ を得る．よって，$k_0 > k_\alpha$ となるから H_0 は棄却され，3 社の製造能力には差がないと結論される．

問題 5.4 (p.54,55)

1. 帰無仮説 H_0：「血液型の割合が $4:3:2:1$ に従っている」を統計量
$$K = \frac{(F_A - 40)^2}{40} + \frac{(F_O - 30)^2}{30} + \frac{(F_B - 20)^2}{20} + \frac{(F_{AB} - 10)^2}{10} \ (\sim \chi^2(3))$$
を用いて，適合度検定にて検定する．F_k は「血液型がkである」度数を実現値にもつ統計量である．有意水準 $\alpha = 0.05$ に対して，χ^2-分布表より $P(K \geqq k_\alpha) = \alpha$ なる $k_\alpha = 7.815$ を得る．K の実現値 k_0 は
$$k_0 = \frac{(35-40)^2}{40} + \frac{(33-30)^2}{30} + \frac{(25-20)^2}{20} + \frac{(7-10)^2}{10} = 3.075$$
と計算され，$k_0 < k_\alpha$ となるから，H_0 は採択される．したがって，血液型の割合が $4:3:2:1$ に従っていないとはいえないと結論される．

2. 帰無仮説 H_0：「事故の数が曜日に関係しない」を統計量
$$K = \sum_{k=1}^{6} \frac{(F_k - 10)^2}{10} \ (\sim \chi^2(5))$$
を用いて，適合度検定にて検定する．F_1 から F_6 の順に「月曜日から土曜日までのそれぞれの曜日の事故」の度数を実現値にもつ統計量である．有意水準 $\alpha = 0.05$ に対して，χ^2-分布表より $P(K \geqq k_\alpha) = \alpha$ なる $k_\alpha = 11.07$ を得る．K の実現値 k_0 は
$$k_0 = \frac{(15-10)^2}{10} + \frac{(5-10)^2}{10} + \frac{(6-10)^2}{10} + \frac{(11-10)^2}{10}$$
$$+ \frac{(7-10)^2}{10} + \frac{(16-10)^2}{10}$$
$$= 11.2$$
と計算され，$k_0 > k_\alpha$ となるから，H_0 は棄却される．したがって，事故の数が曜日に関係すると結論される．